建筑外墙装饰

Exterior Architectural Coatings

奢华石材装饰

Decoration with Luxurious Stone Materials

I

（创意幕墙）

Creative curtain wall

中国建材工业出版社

China Building Materials Press

图书在版编目（CIP）数据

奢华石材装饰. 1, 建筑外墙装饰 / 溪石集团发展有限公司, 世联石材数据技术有限公司主编. -- 北京 :中国建材工业出版社, 2013.6
ISBN 978-7-5160-0469-2

Ⅰ. ①奢… Ⅱ. ①福… ②世… Ⅲ. ①外饰面材料—石料 Ⅳ. ①TU56

中国版本图书馆CIP数据核字(2013)第132667号

石材业数据库系列丛书
奢华石材装饰
主编：溪石集团发展有限公司 / 世联石材数据技术有限公司

版面设计：家和兴文化传媒工作室　编辑策划：振世博远企划工作室
电　　话：（0591）83314458
图书销售：世联石材书店　电话：（0595）87321868　13860768618
网上书店：Http: //www.llx68.com　QQ：402763988

出版发行：中国建材工业出版社
地　　址：北京西城区车公庄大街6号
邮　　编：100044
经　　销：全国各地新华书店
印　　刷：福建彩色印刷有限公司
开　　本：889 mm×1194 mm　1/16
印　　张：103
字　　数：3361千字
版　　次：2013 年 9 月第 1 版
印　　次：2013 年 9 月第 1 次印刷
定　　价：1618.00 元/套

网上书店：www.jccbs.com.cn
广告经营许可证号：京西工商广字第8143号
本书如出现印装质量问题，负责调换联系电话：0591-83314458

主 编

溪石集团发展有限公司、世联石材数据技术有限公司

Co-Edited by

Xishi Group Development Co., Ltd. and Shilian Stone-Data Co., Ltd.

执行主编：林涧坪

Executive Editor-in-Chief: George Lin

责任编辑：贺悦 刘京梁 林剑平

Editor: He Yue Liu Jingliang Lin Jianping

技术总监：黄俊孝

Technical Supervisor: Huang Junxiao

文字编辑：王英 林伟 林琛

Word Editor: Wang Ying Lin Wei Lin Chen

设计单位：家和兴文化传媒工作室

Designed by Kaho Cultural Media Studio

总设计：黄其钊

General Design: Huang Qizhao

平面设计：林叶青 林迪慧 林冠望

Layout Design: Lin Yeqing Lin Dihui Lin Guanwang

摄影：邓国荣 林冠葛 刘宏韬 林辰瑀

Sampling and Photography:

Deng Guorong Lin Guange Liu Hongtao Lin Chenyu

前 言

豪华、富贵、亮丽、奇特……用石材能够把空间装饰得奢华吗？答案是：石材能够做到奢华的装饰效果！

本书在表现传统装饰要素的基础上突出表现石材的装饰艺术及装饰效果。我们根据石材的特性努力寻找其装饰规律，以使石材装饰具有真正的美感和奢华。

如今的石材具有如下的特点：

一、石材种类丰富。石材类别有花岗岩、大理石、砂岩、天然板岩、玉石、半宝石等等。这些石材具有上千个品种，有数以万计的包含红、黄、绿、蓝、黑、白在内的全色系和渐变的色彩，有各种各样的石材质感及纹理的差异，能够给建筑带来不同的空间效果。如何通过合理的选材将建筑功能、空间、效果表现得合理和恰当，这是编辑本书的基本思路。

二、石材可多维加工。除了石材本身特有的颜色、花纹对装饰效果产生影响外，石材的加工方法和技术也对其装饰效果的表达产生重要意义。石材能够加工成各种各样的形态，如雕刻、平面板、线条、各种异型形状等。现在，对石材的表面处理的方式较多，使石材表面的质感多种多样；数控设备、水刀设备的发展，使切割和拼接板材的方式多样，也使石材呈现出多姿的图案；工艺的难度，体现出石材造型的怪异，或者异型的独特。石材可以通过品种和加工来装饰具有特殊效果的平面和空间，体现出装饰的富丽、豪华、奇特。

三、珍稀名贵石材品种。玉石、彩石、半宝石、化石、矿物材料等逐渐成为建筑装饰的新宠。这些石材具有稀缺性，但如果能在一个工程上使用世界上存量很少的某种石材装饰，则不仅体现在装饰效果上，也体现出材料特殊的价值。

四、石材创意的奇特性。石材是一种可以利用天然的肌理进行再创造的材料，个性化的创意可以通过不同石材或加工手段来表现。

本书根据石材的特性，围绕其在建筑内外装饰中展现不同风格的这个主题，以现代石材、石材加工和装饰工艺为线索，系统解剖分析石材在工程装饰中的表现与美感。本书包括《建筑外墙装饰》分册、《豪华室内装饰》分册、《玉石、半宝石、彩（奢）石及矿物装饰》分册、《精品工程与特色企业》分册。该书总结了当今石材工业发展及其建筑行业对石材装饰特征的要求，是国内最系统的石材装饰应用的专业工具图书。本书的出版希望能够对石材生产企业、设计单位、施工单位及各类客户了解与应用石材起到一定的指导作用。

书中的大量案例体现了石材在应用中的技巧，详细地诠释出装饰的特性。然而，在实际的工程中，设计方案千变万化，新的设计思想和加工水平在不断进步，相信本书的出版能够推动石材从生产到应用的发展，并在未来的实践过程中不断完善！

《奢华石材装饰》编委会

2013年 9月

目 录 Catalogue

外墙装饰技术

图书阅读说明

为了能够说明现代石材装饰的具体应用特征，对该书采用标准化的编辑方式，目录划分成各级子目录，这样能够让阅读者很明白地理解。

图示：

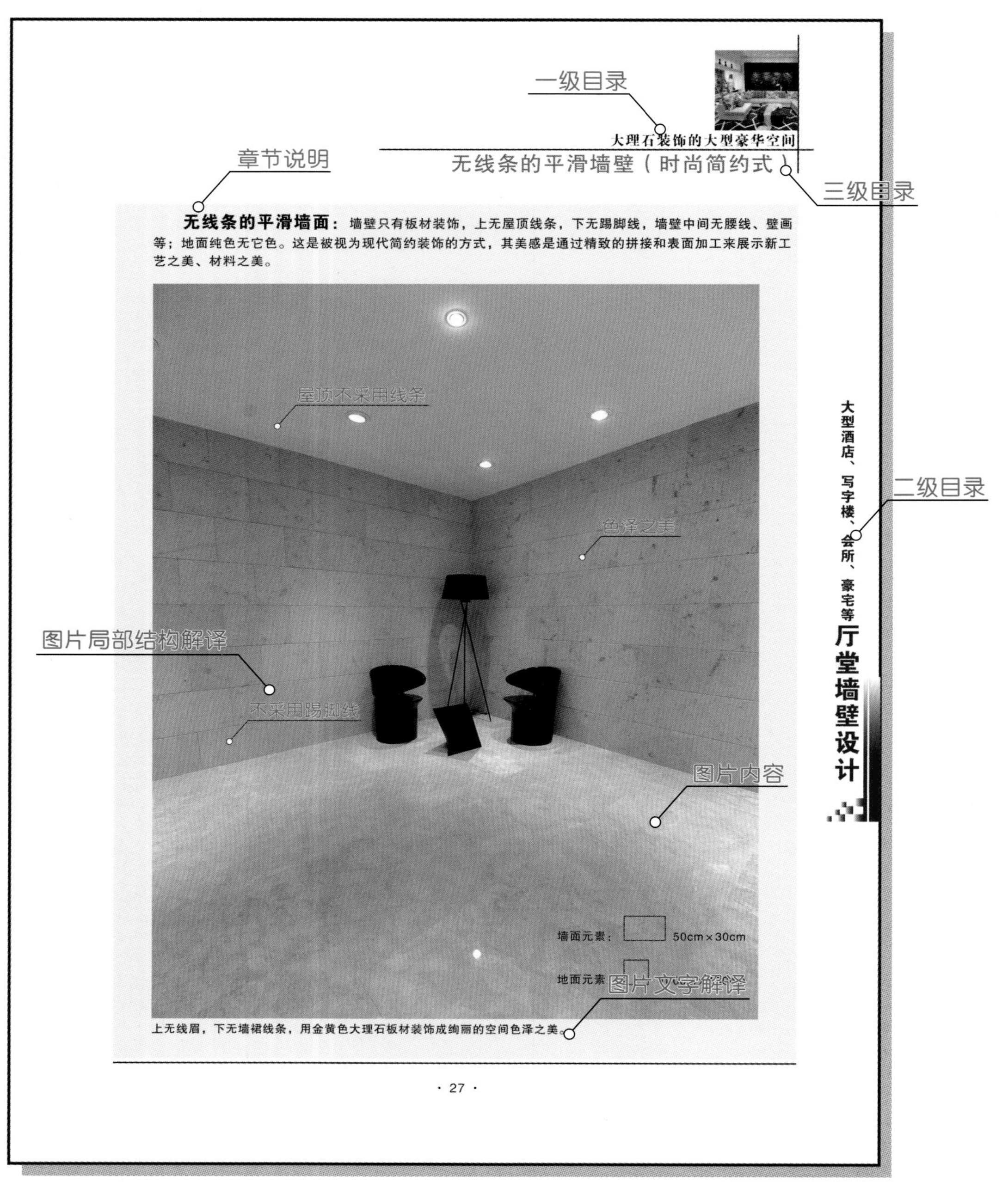

楼裙石材幕墙

现代建筑大部分都是高于30m以上的高层建筑，由于石材是质量相对较大的建材，从安全性和施工成本考虑，石材的装饰部位大都在建筑的底层。当然，有些建筑整栋都采用石材装饰，这就要对石材进行特殊的加工，比如超薄或复合，使质量会减轻。石材可以部分在高层中使用，是更多的是对裙楼进行装饰。

Most modern buildings are higher for more than 30 meters, as stone is building material with high-weight, considerate to safety and construction cost, most decoration of stone is use in the basement of building, certainly, some building also adopt whole decoration with stone, special processing with stone, for example super-thin or compound lose weight, stone also can use in the high-building, more decorate podium building with stone in common.

主 楼
Main Building

裙 楼
Podium Building

绿化广场
Greenbelt Plaza

屋顶（裙楼）顶部线眉

门头

隔层线板

楼裙装饰石材的大楼

全石幕墙的建筑外墙装饰

——现代多元材质下，结构性表面时尚装饰

新式无线条、线眉、墙基等元素装饰的简洁墙面

全石幕墙的建筑外墙装饰，从地基到屋顶，全部采用石材干挂安装。
Decoration of exterior curtain wall of building, from foundation to roof, all adopt stone dry-hanging installation.

石材装饰建筑外墙装饰构成示意图

—— Composition of exterior wall decoration

● **裙楼用石材装饰的主要部位名称：** Main component of podium building decoration:

- 檐口线板 Line slab
- 墙角 Corner
- 墙面 Wall surface
- 窗套 Window
- 门套 Door
- 户外台阶 Outdoor stairs
- 墙基 Wall base

石材装饰墙面细部说明

Sectional description

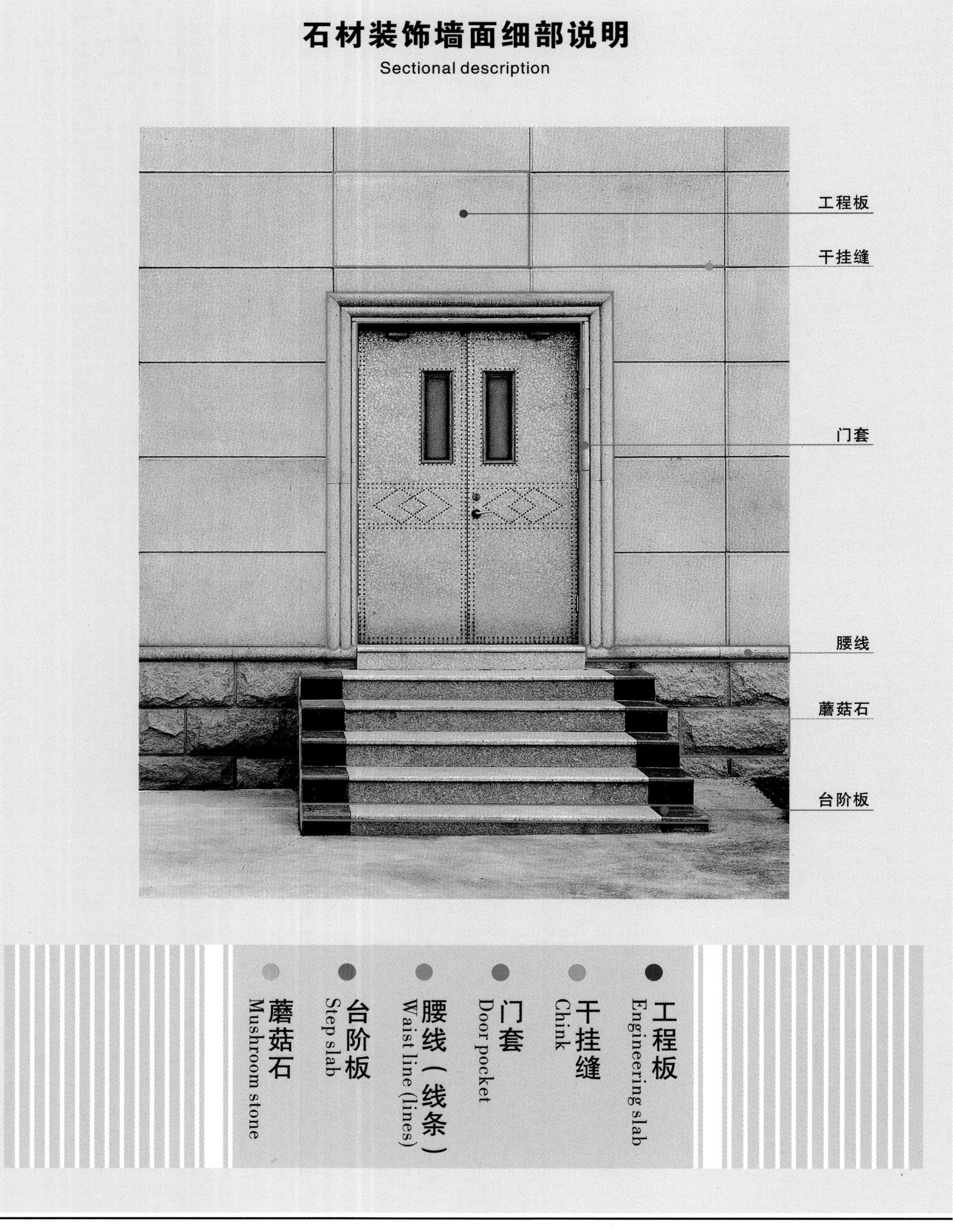

工程板 Engineering slab

干挂缝 Chink

门套 Door pocket

腰线（线条） Waist line (lines)

台阶板 Step slab

蘑菇石 Mushroom stone

现代建筑外墙——应用石材的装饰元素

外墙板材的装饰剖面

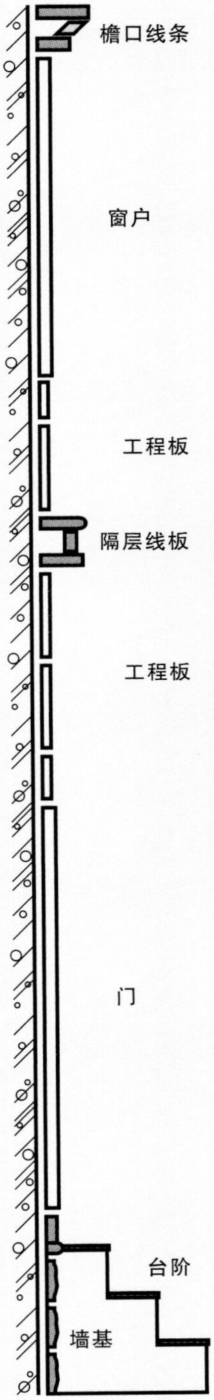

檐口线条

窗户

工程板

隔层线板

工程板

门

台阶

墙基

外墙石材装饰元素：**工程板、柱、线条（线板）、壁画、窗线、门线等。**

◙ **工程板：**墙面装饰基本材料，墙体大部分采用石材板材来改变建筑的材质特征。

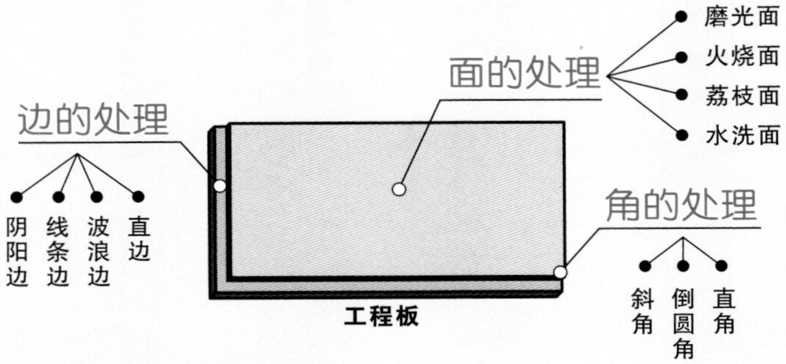

面的处理

磨光面

火烧面

荔枝面

水洗面

边的处理

阴阳边

线条边

波浪边

直边

角的处理

斜角

倒圆角

直角

工程板

隔层、屋顶线板

窗线

柱壁

壁画

工程板及表面处理

外墙装饰元素

墙面线条

◙ **隔层线板：**采用多种形态的板材、线条、组合成立体的造型，增加建筑墙面装饰的层次感。

◙ **线条：**装饰墙基、墙面局部、门套、窗套、柱体等，线条增加建筑装饰层次感。

◙ **壁画：**增加建筑的文化主题，在建筑的墙面装饰一些具有文化象征意义的画面，常采用雕刻的形式。

◙ **柱：**既有建筑结构本身的柱装饰，这些是常用装饰的柱，同时，也有为了装饰空间而增加装饰性的柱。柱是欧式古典装饰重要的组成之一。

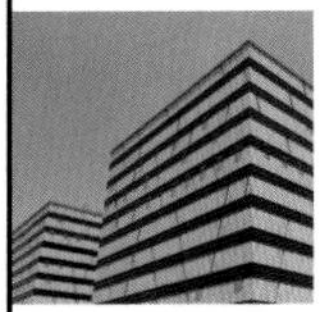

随着连接构造的钢材或其他有机材料的不断进步和利用，未来在墙面装饰上走超级想象的各种非平直、传统线条、单调板材分割的墙面将不断出现，从而影响到建筑外墙的艺术性和美观。

另外，灵感来自自然的鬼斧神工的一些立面的形态应用，这些形态都将成为未来建筑外墙创意的参考。

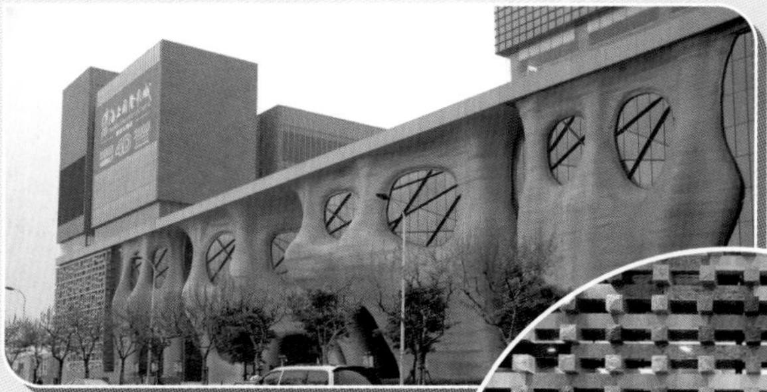

鬼脸墙面

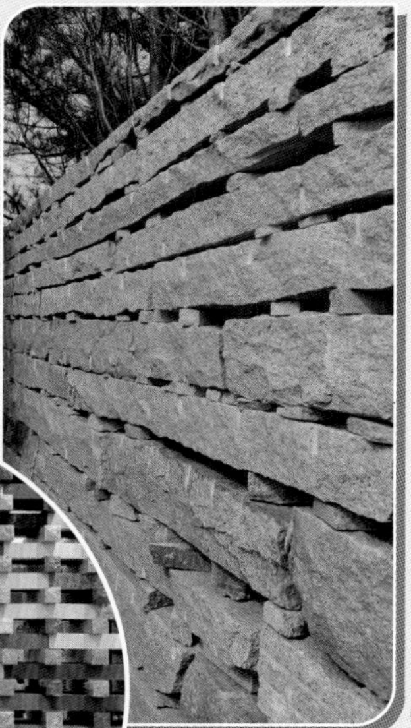

空心墙

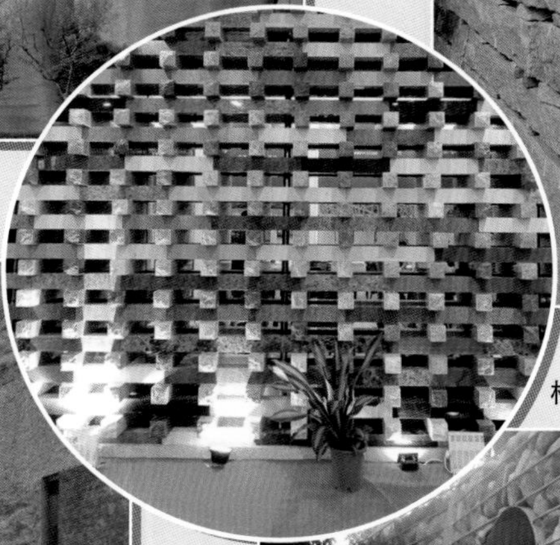

格栅墙面

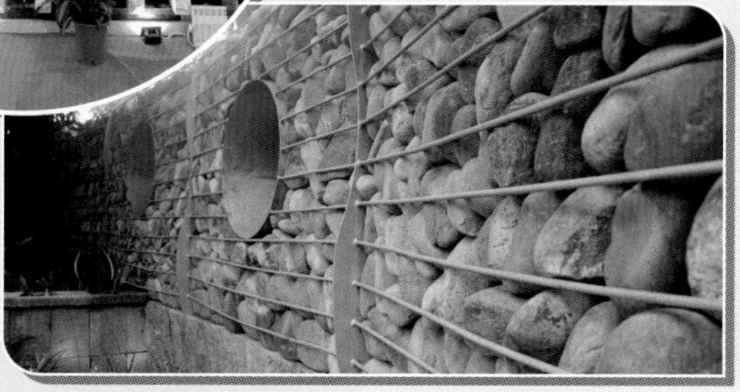

铁栏与卵石组成的墙

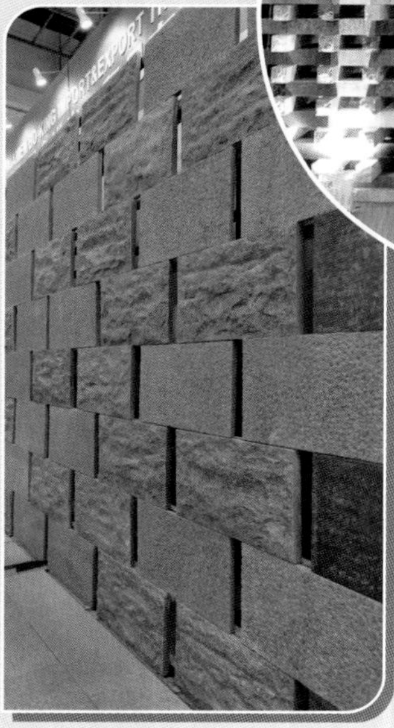

平整与粗糙组合墙

选用一：花岗岩、大理石

建筑幕墙装饰石材通常选用：**花岗岩类、大理石类 、砂岩类、板岩及人造石类**

门口玻璃幕墙如同宝石切面一般，装饰的建筑外墙显得立体，石材外墙面是斜面体。

荔枝面

斧剁（龙眼面）

火烧面

自然面

1. 花岗岩类装饰的建筑外墙

花岗岩具有坚硬、密度高，抗风化、抗腐蚀的特征。所以是外墙装饰的首选材料，随着板材工艺加工和安装技术的不断发展，花岗岩外墙装饰的特色纷呈。

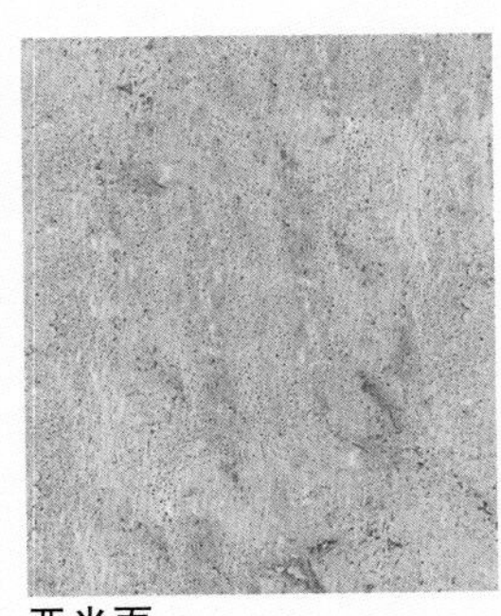

亚光面

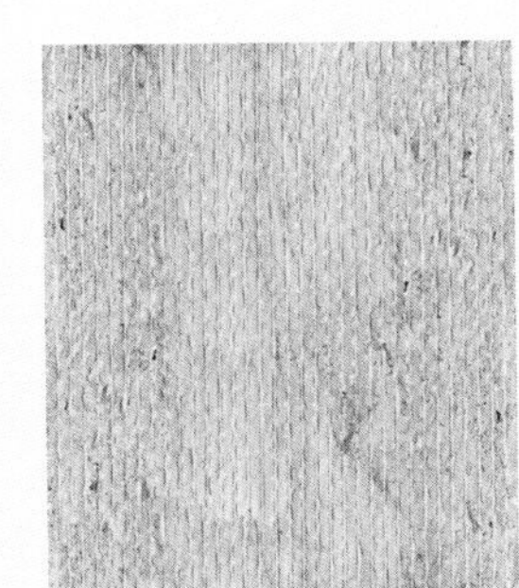

拉毛面

光滑体的墙面装饰，是现代板材装饰的特征之一，古代磨光是很麻烦的事，而现在表面处理磨光是最易之事。

斧剁面

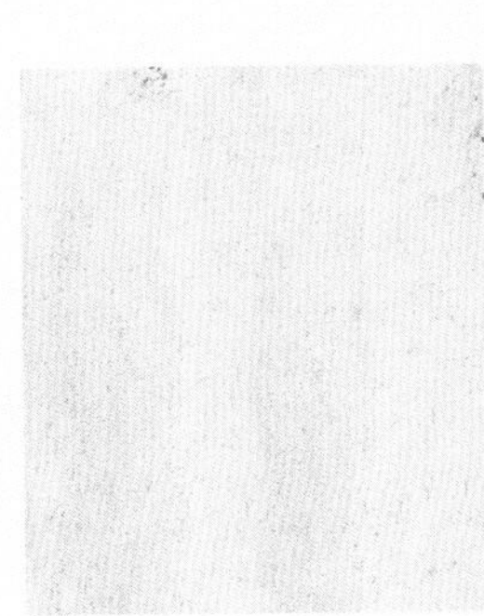

荔枝面

2. 大理石类装饰的建筑外墙

大理石具有色泽古朴、温和、亮丽等特征，也是外墙的选用材料之一，但是，由于大理石硬度普遍较低，抗风化能力差，所以，大理石装饰的外墙相对少一些。

选用二：砂岩、板岩

砂岩装饰别墅外墙

亚光面

荔枝面

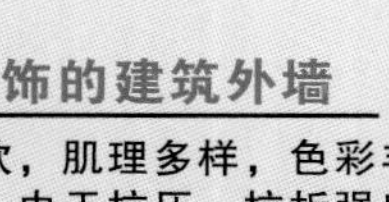

3. 砂岩类装饰的建筑外墙

砂岩质地柔软，肌理多样，色彩丰富，是近年来时尚装饰的材料之一，由于抗压、抗折强度相对较低，因此，常用在行人比较少的低层建筑，如别墅和一些非公共建筑的外墙等装饰。

火烧面

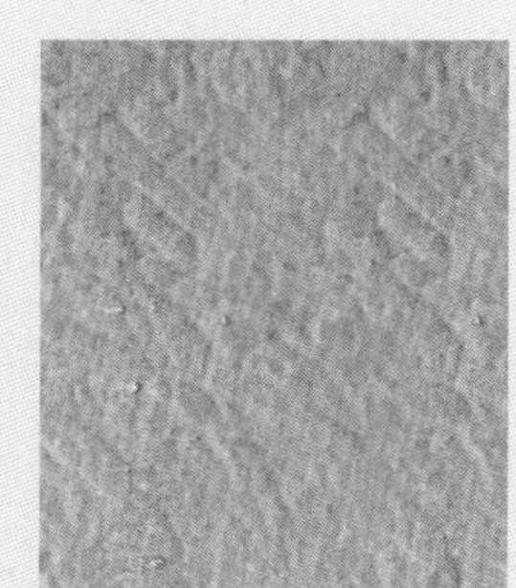
仿古面

方块与长条组成

红色与灰色的组合

洱海边上的小板岩建筑

等块体的劈理面

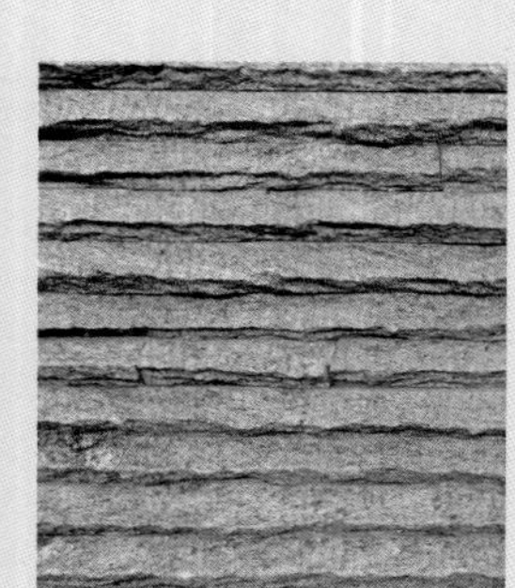
倒三角边板条

4. 板岩类装饰的建筑外墙

板岩的天然板状结构和天然的板面色彩，构成很自然的色彩变化，所以，在不同的表面色彩和拼接的各种表面肌理中，板岩通常被贯称为“文化石”的概念，就是人工合成的也是参考自然的色彩和肌理。所以，板岩在外墙的装饰上体现建筑融于自然的人文思想。

墙面采用板材与钢结构挂装安装

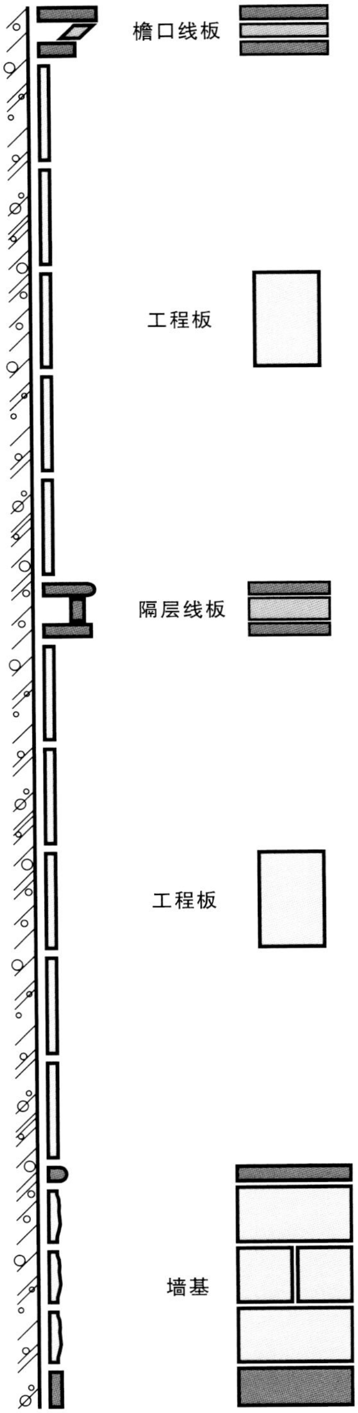

檐口线板

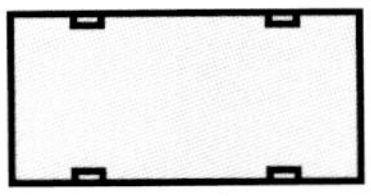

两边开槽干挂

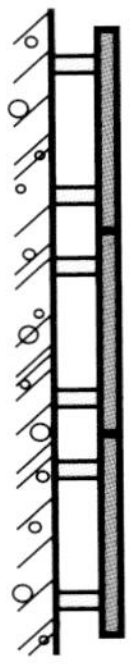

工程板

隔层线板

工程板

墙基

外延柱剖面

外墙石材装饰剖面

横向干挂：常用均匀平板（磨光）大小板材横向铺装的墙面，现代墙面装饰是以金属为连接结构的板材的装饰。

墙面柱通过干挂形成更有立体效果

方柱的装饰：可以利用钢结构把原来平滑的钢筋混凝土柱变得立体。

墙面工程板与后背栓干挂方式

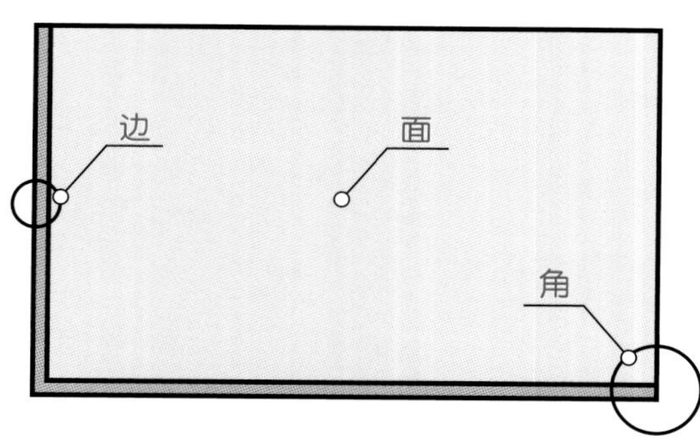

“边”的处理：毛边、直边、线条边、断齿边；
“角”的处理：直角、半角、圆角、弧形；
“面”的处理：光面、亚光面、粗面、雕刻面等其他面。
（由于材质不同，处理方式多样，另外篇幅说明）

外墙干挂以长方形的板材为主，有利于干挂。

纵向排列的干挂方式：

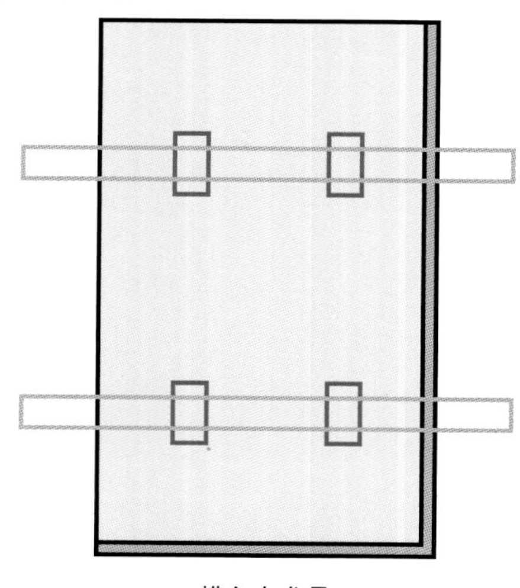

横向布龙骨

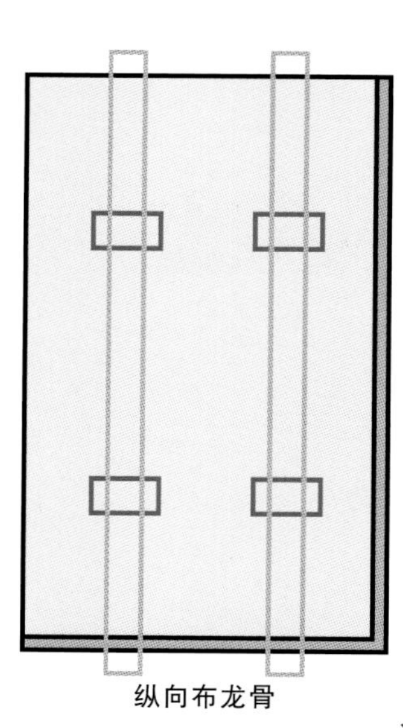

纵向布龙骨

横向排列的干挂方式：

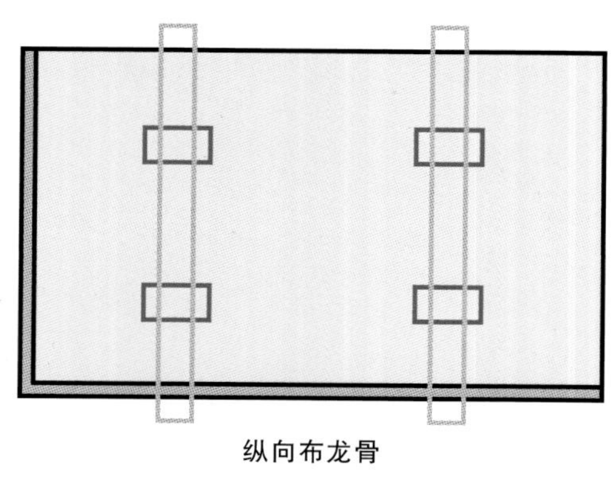

纵向布龙骨

横向布龙骨

纵向铺设

墙面上干挂的每块板材均衡大小一样，竖向铺设。

板材比传统的石块轻，考虑到装饰的美观与施工的方便，通常有以下几种方案：

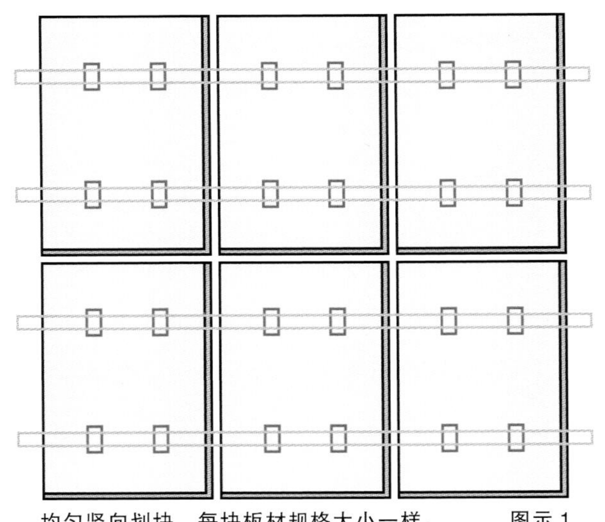
均匀竖向划块，每块板材规格大小一样。　图示 1

墙壁通过大规格磨光锈石板和火烧面小板条形成层次的对比和节奏感，竖向铺设。

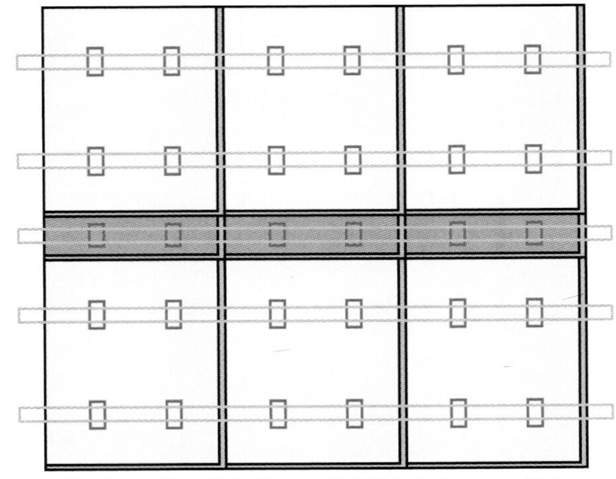
中间插入火烧小板条锈石，形成质地对比。　图示 2

工程板的拼接方式

横向铺设

横向铺设，板材规格均匀一致。

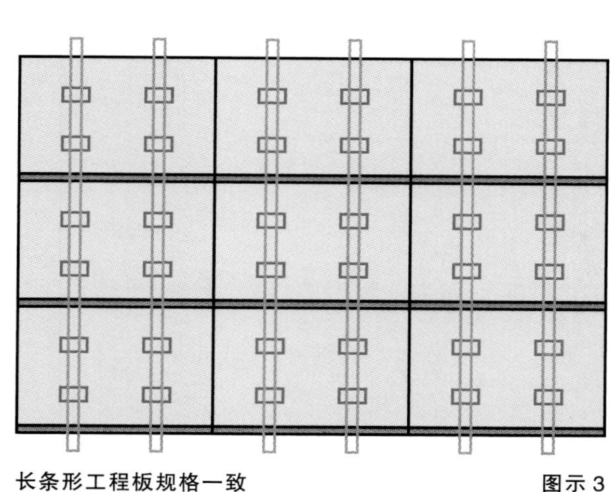

长条形工程板规格一致　　图示 3

宽板与细条板的组合，墙面大板与小条板间隔交替。

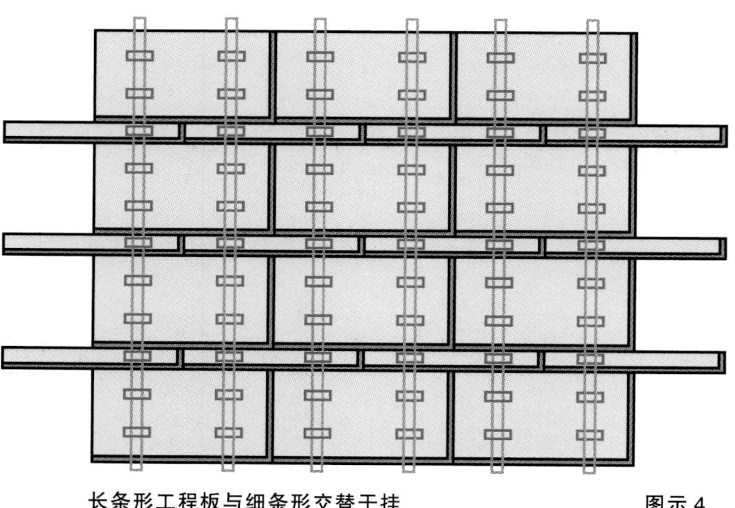

长条形工程板与细条形交替干挂　　图示 4

错位或交叉铺设

方形工程板装饰的墙面

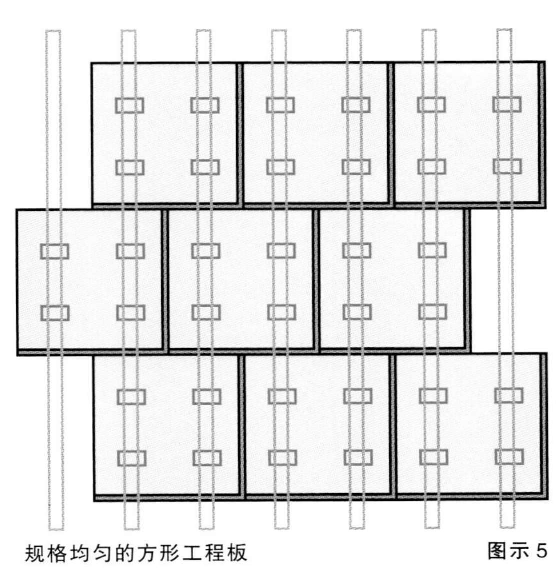
规格均匀的方形工程板 图示5

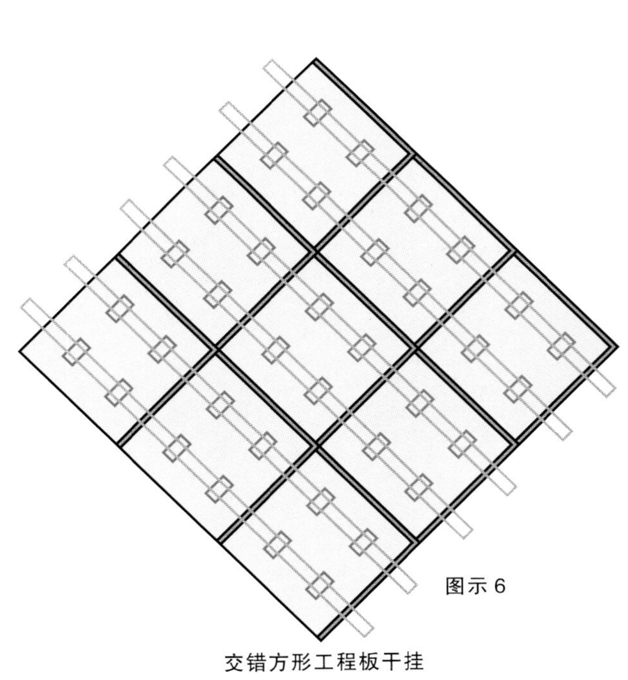
图示6
交错方形工程板干挂

柱式和壁画一起装饰的墙壁，复旦大学光华楼。

规格变化铺设

每一分段墙面，板材规格大小有所变化。

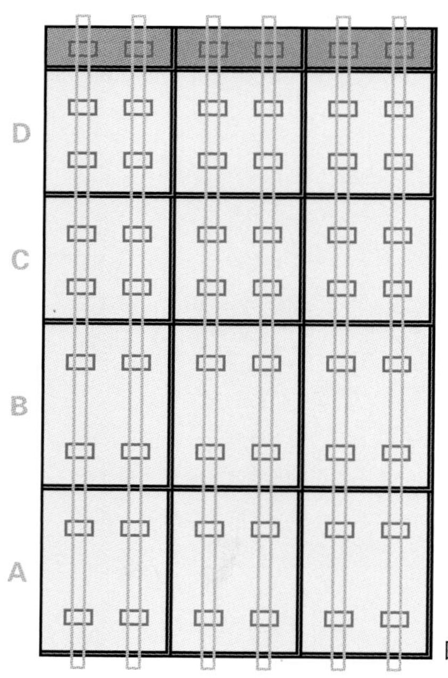

图示 7

A、B等大，C、D等大，A规格大于C。

不同部位，装饰大小不一样的板材，形成对比，增加墙面的活泼感。

多种规格拼贴的柱面

细化的板材起到装饰的作用　图示 8

细缝拼接

直边切割，板材边之间无留缝。

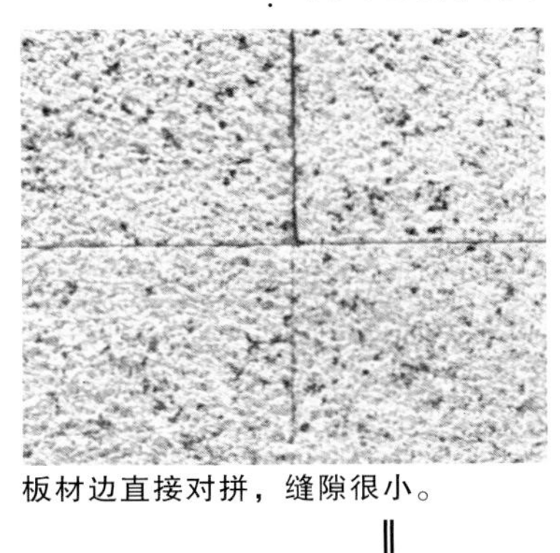

板材边直接对拼，缝隙很小。

图示9

平滑缝隙很小的墙面，拼缝精致。

墙面元素

长竖板与小横细板的组合

墙面板材连接（接缝）的方式

倒角（边）

高倒角：正面厚板的高倒角。

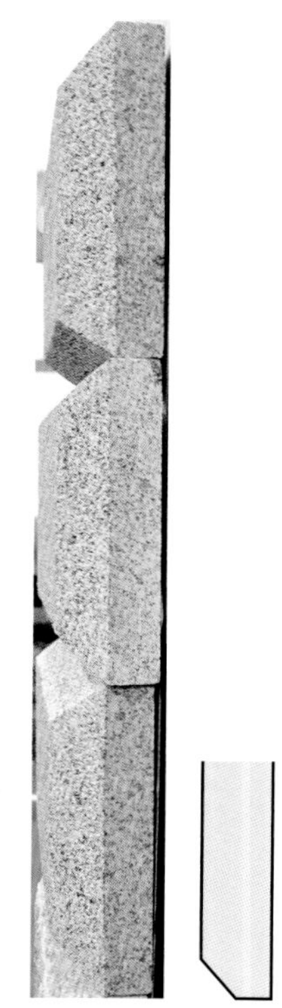

侧面30~50mm厚板

小倒边处理法

45度倒边处理

坎边倒角：荔枝面加工的墙面，板材两边弧形倒边加工。

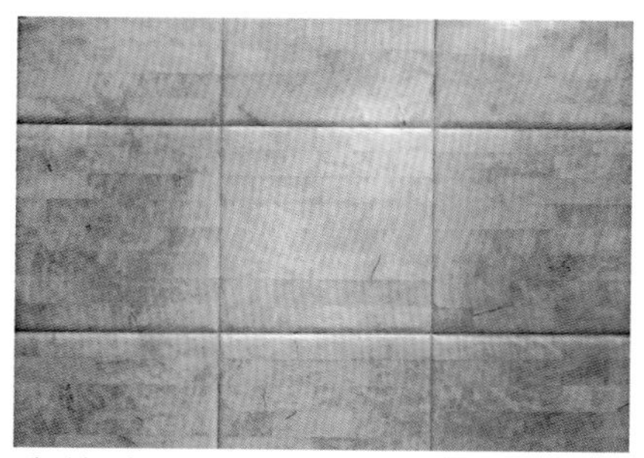

弧形倒边

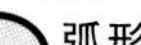

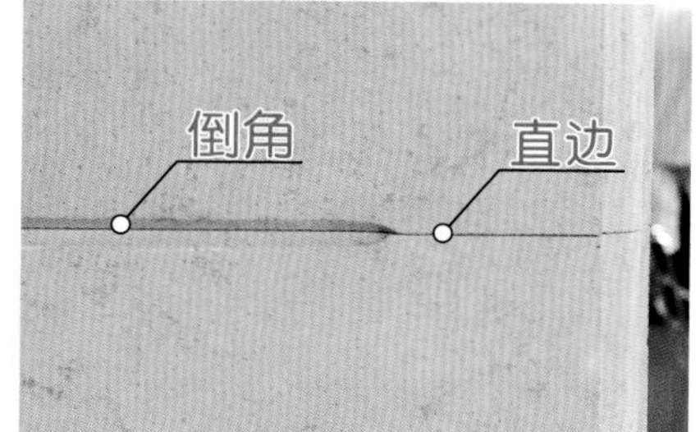

板材边一段直边一段采用倒角

段节缝

大宽缝的几种处理方式：

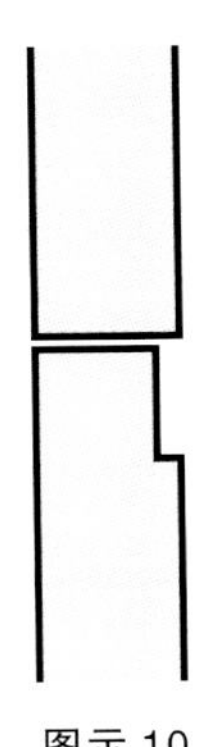

图示 10

柱式采用隔条的方式装饰

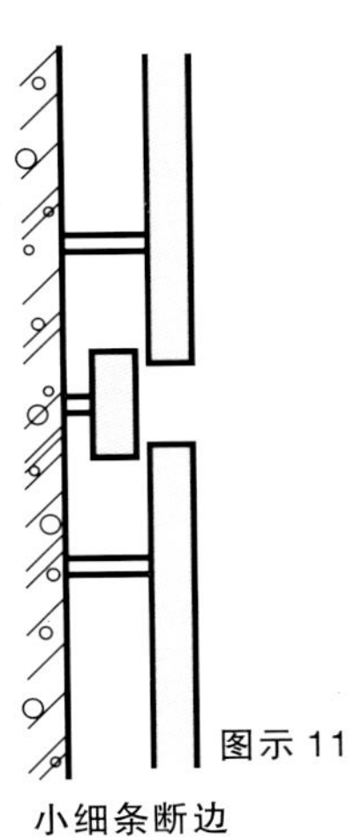

图示 11

小细条断边

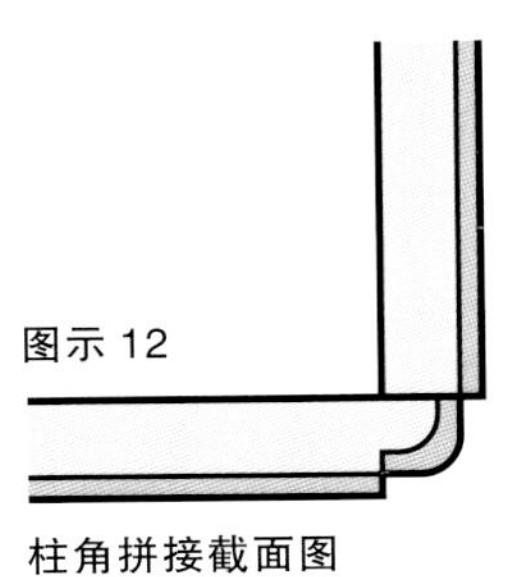

图示 12

柱角拼接截面图

墙面板材连接（接缝）的方式

边割“坎”

一边倒“坎”　　图示 13

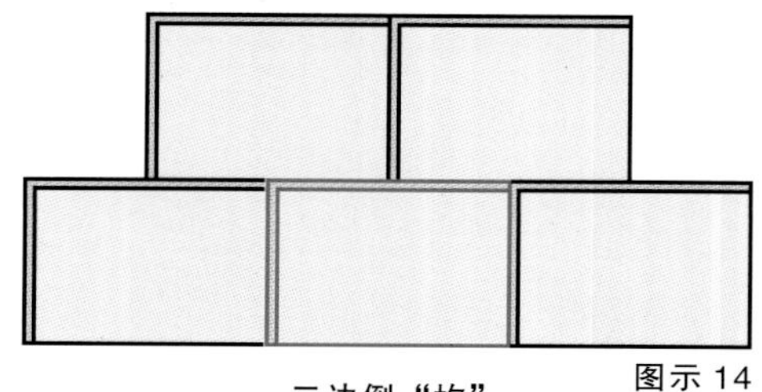

二边倒“坎”　　图示 14

隔缝为均等30mm，采用标准隔缝头。

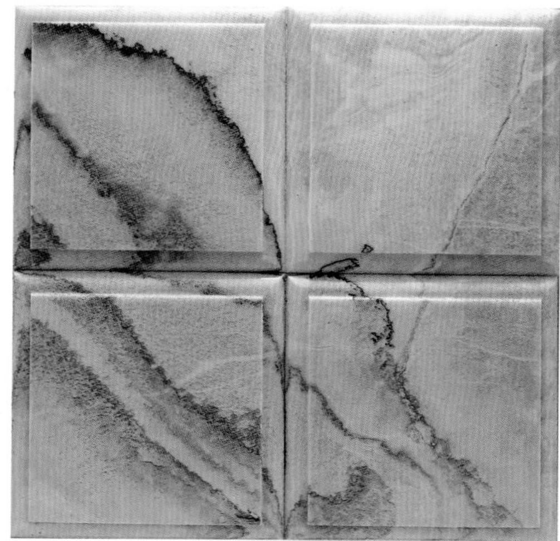

四边倒弧边

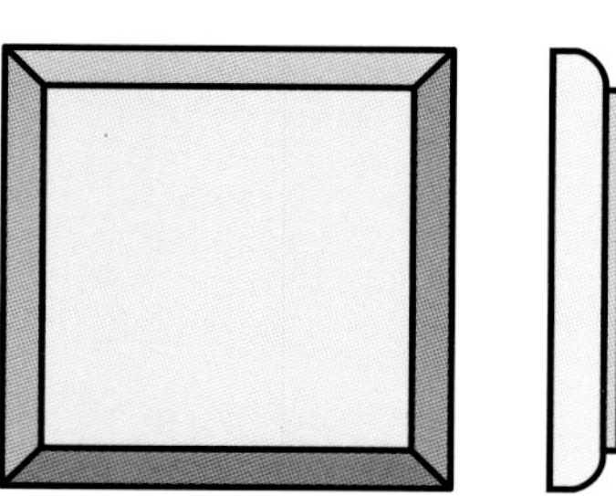

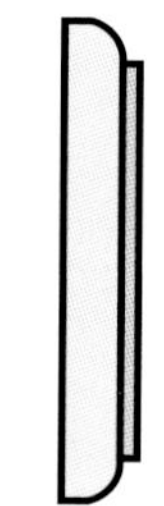

四边倒“坎”　　图示 15

锯齿边

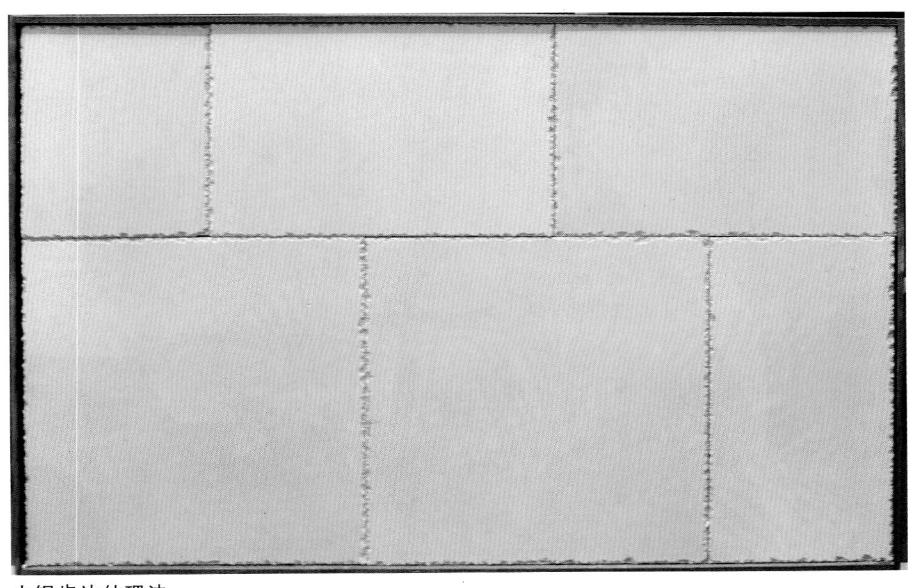

小锯齿边处理法

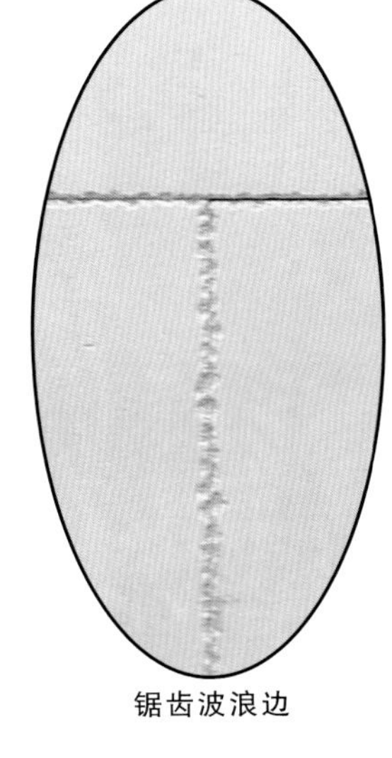

锯齿波浪边

崩边的装饰

填缝处理

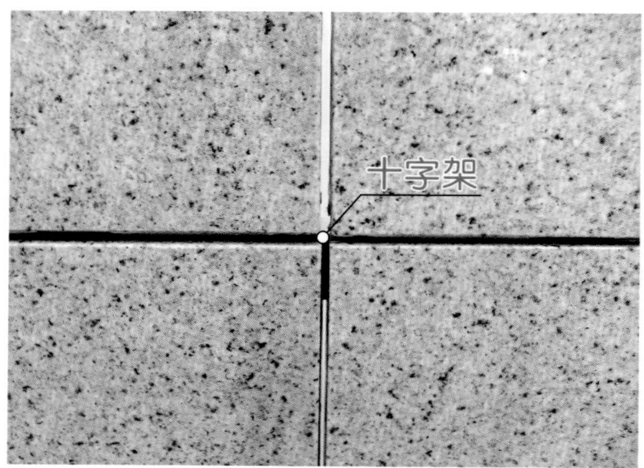

板材接缝不填，缝用塑料十字架均匀隔开。

红色板材与黑色填缝剂

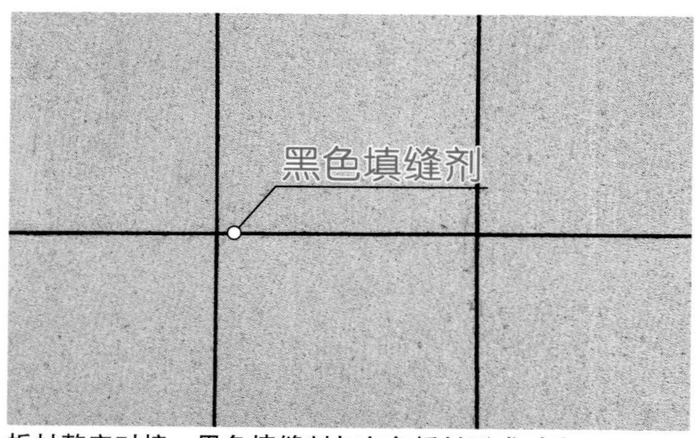

板材整齐对接，黑色填缝剂与白色板材形成对比。

白色石材不用填缝剂，直接对拼。

红色石材与红色的颜色的填缝剂

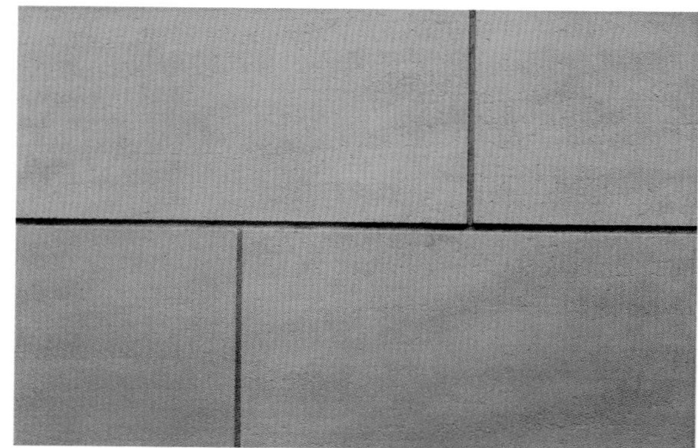
黄色砂岩，勾缝用黄色的填缝剂。

留空缝

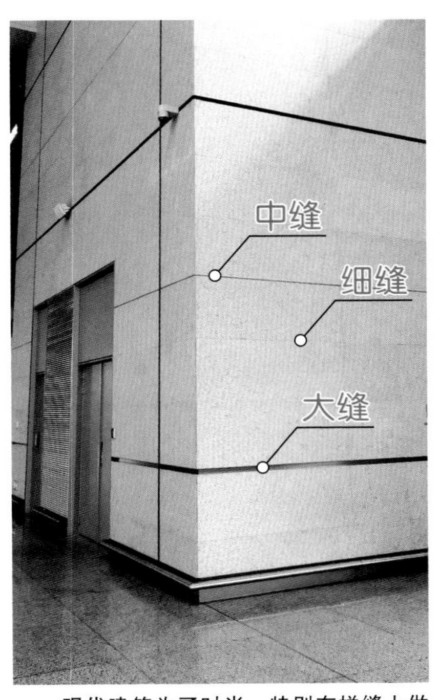

现代建筑为了时尚，特别在拼缝上做文章，并对缝不填充，适当的大缝能够使建筑墙面也产生层次。

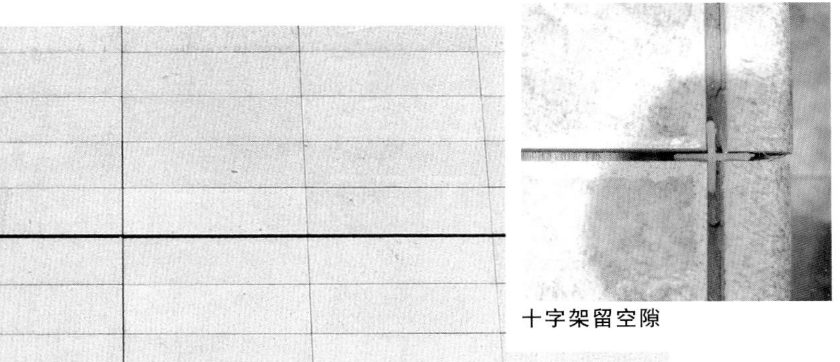

十字架留空隙

图示16

细缝板材装饰的墙面留空，无填缝，每隔五层，就留一条宽的空隙。

不填缝，缝隙大小不一的装饰。

墙面板材连接（接缝）的方式

凸缝处理

在板材之间，镶进夹板。

板材之间加入突出的半圆形线条装饰

拐角采用60° 角圆线条拼接

60°

图示17

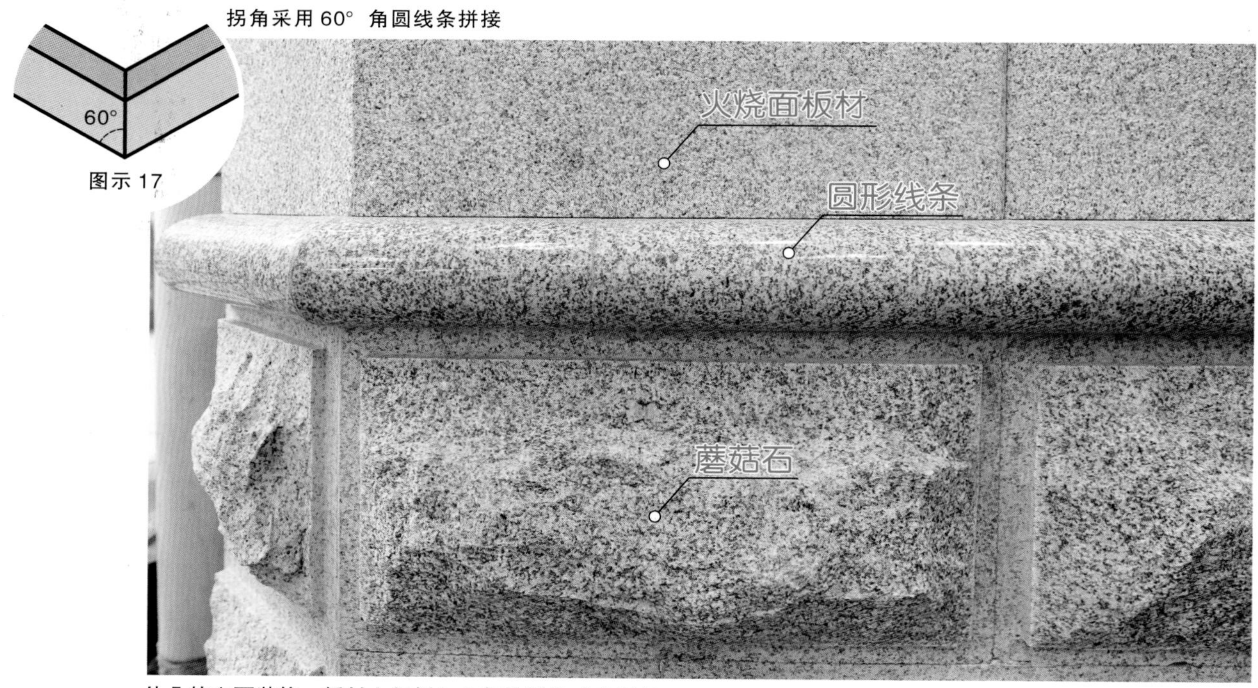

外凸的立面装饰，板材之间插入凸起的线条或者板条。

外弧形墙

弧形面的装饰可以采用两种方式，一是弧形板，另外一种就是细小的板条拼成弧形墙。

采用弧形板材装饰的外弧形墙面

圆弧形墙面

凹凸的墙面，采用竖条的板材装饰。

弧形的拼条

弧形墙面的装饰方式

内弧形墙

图示 19

内弧面墙过小板条的细分，内弧形空间面板装饰。

内凹式弧形墙面也可制造成这种波浪状，板材大小变化一点。

斜凹面交角墙，为了把门柱和墙角变化的做的柔和一点，采用大量的细板条装饰。

板材装饰形成的多种立体墙面

图示20 装饰墙面的板材，通过干挂，可以形成大面积的凹陷表面。

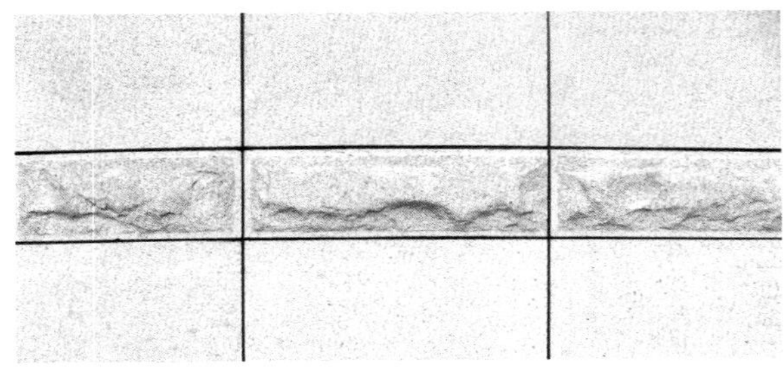

平直板和蘑菇板

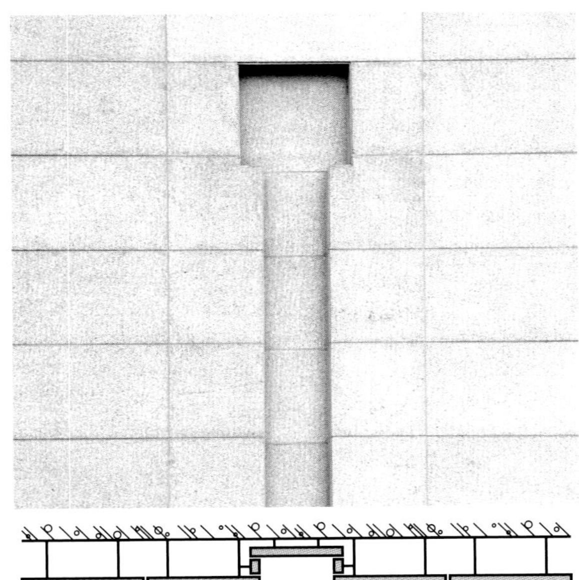

图示23

墙面凹形的装饰，板材能够做到的这些变化。

图示21

凹凸变化的柱头，四面贴面，采用板材做变化的处理。

图示22

大小板材分节的拼装

墙角的处理方式

直角叠边

墙角：板材装饰在墙面顶头，墙角的板材角拼接方式，虽然是个小细节，也能把墙面装饰的有特色。

图示 24

直角顶头压边

切边包角

平直45° 对接

45° 交错拼角

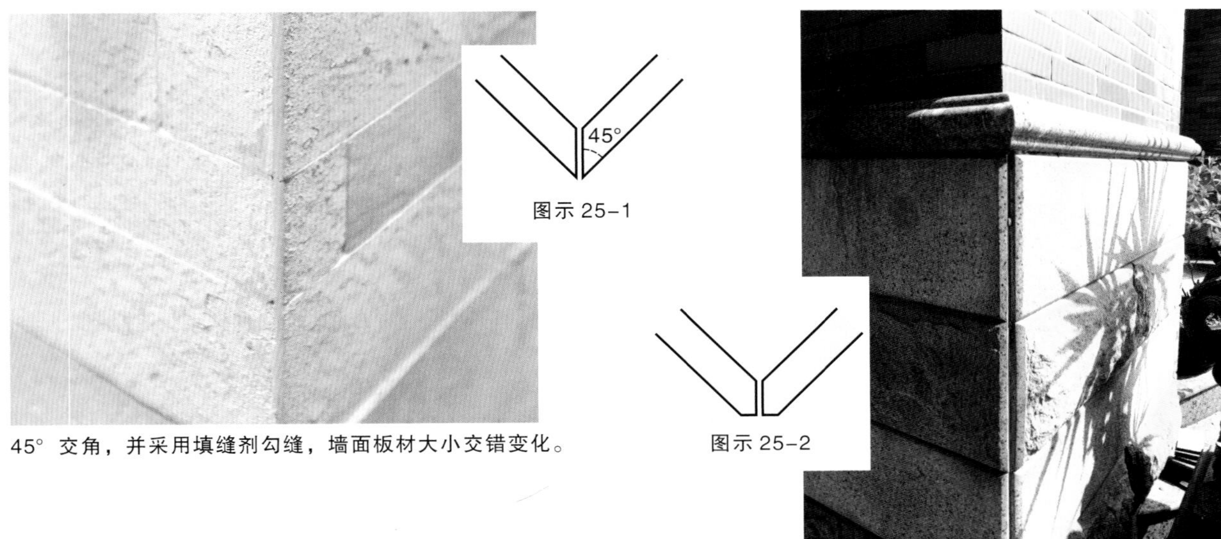

45° 交角，并采用填缝剂勾缝，墙面板材大小交错变化。

板材可以采用头部接错部位的处理，改变了装饰的立体变化。

错开板材铺贴

改变传统平行的拼接方法，板块拼接的变化，可以把墙面做的比较有画意，交错包边。

墙角的处理方式

内折角

长短变化的蘑菇面装饰

长短交替装饰的内墙角

柱式装饰的内夹角

长短变化的墙角

外折角

折边的墙角

圆形线条装饰的墙角

折角的墙角拼接，角成“W”形，内敛。

蘑菇石折角装饰

墙角的处理方式

外折角

墙壁的角柱，通过对柱割条缝处理形成分节。

磨光和凸出的拐角石壁装饰

表面处理的墙角

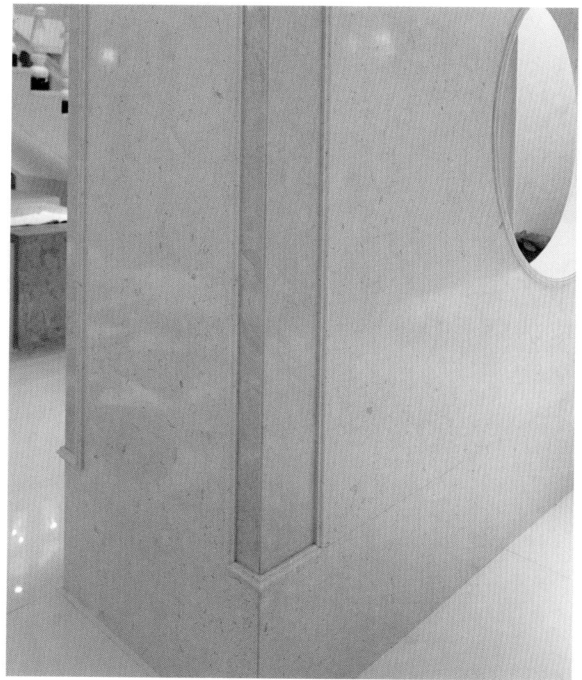

凹陷角的墙角

外折角

墙头满包，板倒边。

影雕与板材的组合

长短板的包角

线条包角

上包角角头

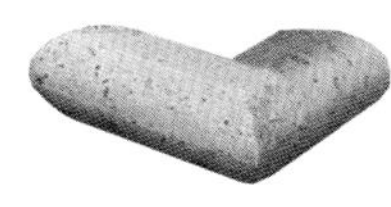

图示 27

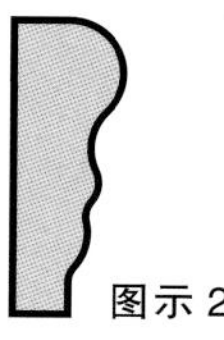

图示 28

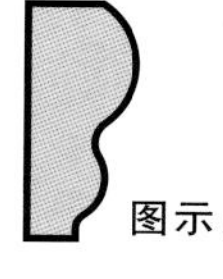

图示 29

包边直线条

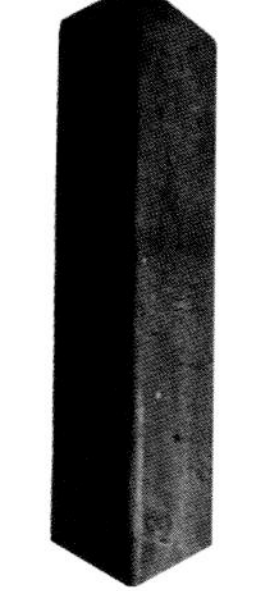

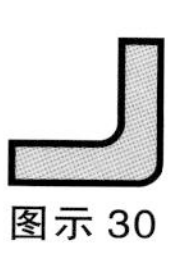

图示 30

包边直线条

图示 31

脚腿包角头

图示 32

墙角、墙面包边包、包角和包脚腿的古典装饰。

线条包角

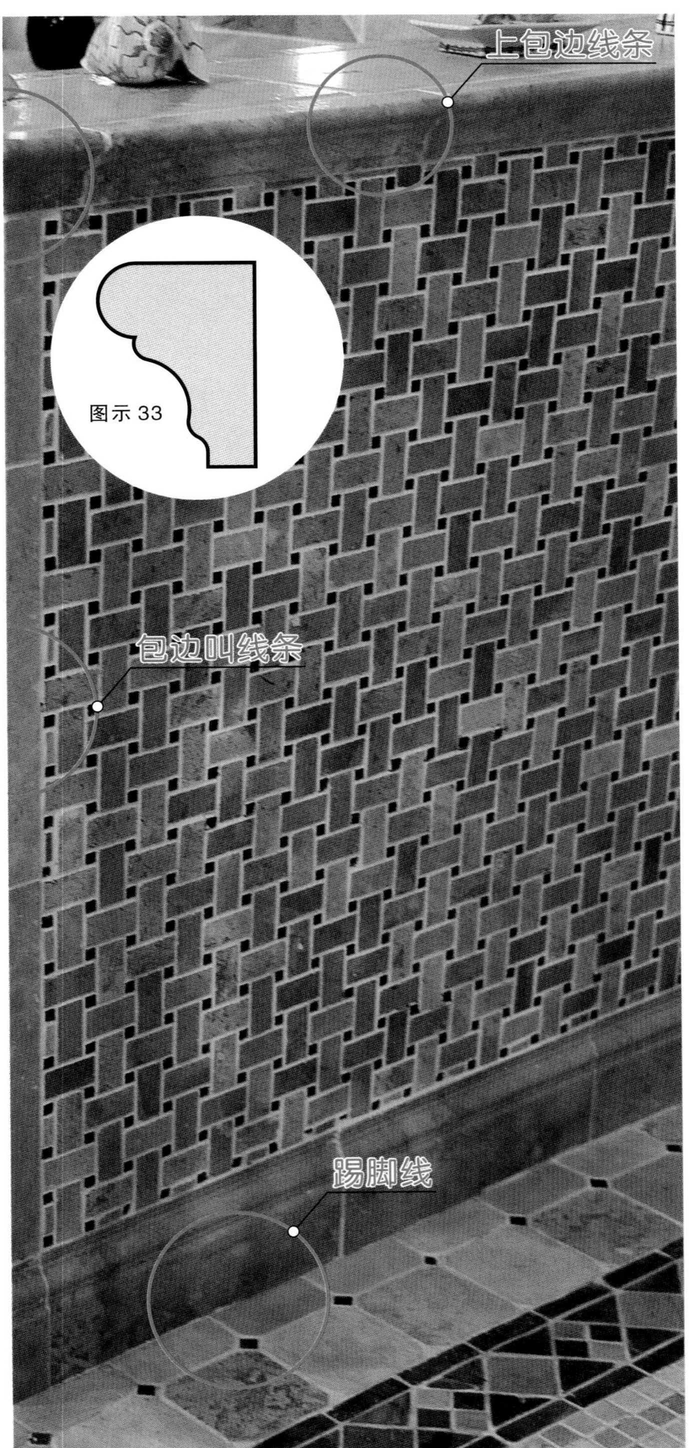

包角上面，适合卫浴和厨房切菜台或者台面角的包角。

顶部线条剖面

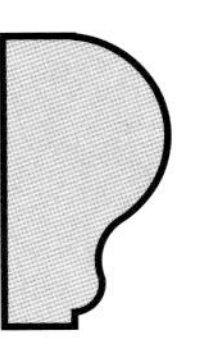
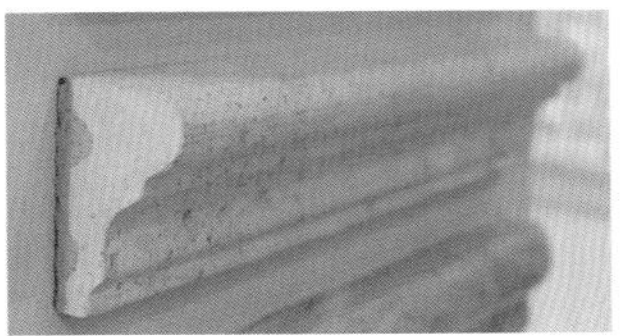
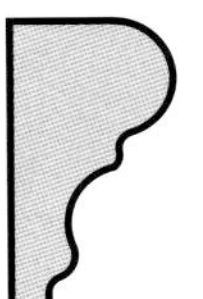
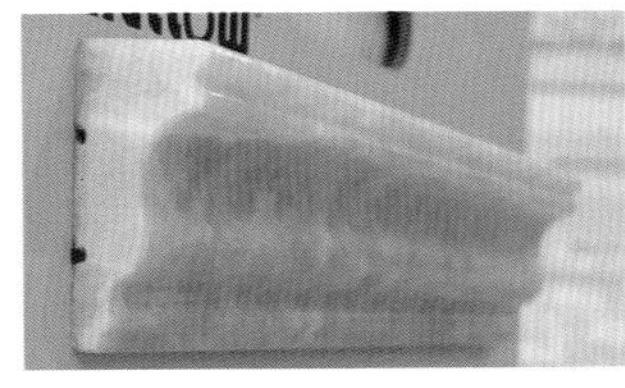
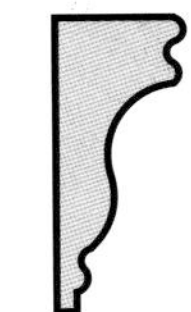

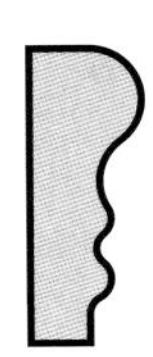

墙角的处理方式

“L”形板包边

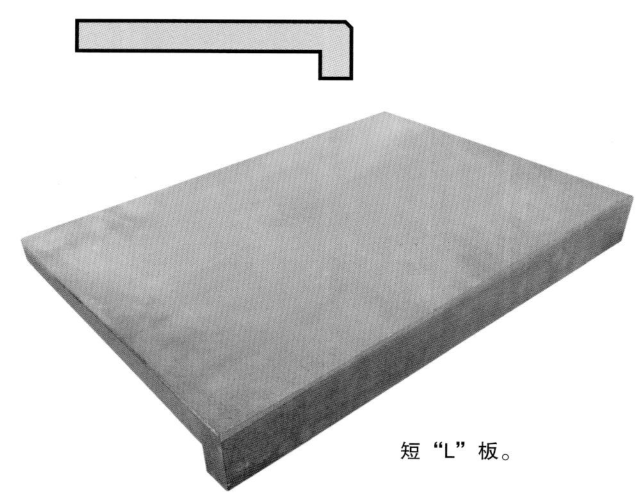

短“L”板。

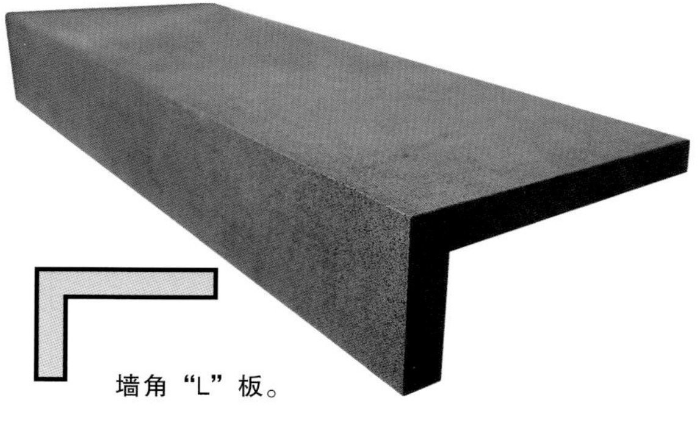

墙角“L”板。

包角

“L”形板角部的处理，把角部处理的很直角。

大型“L”板包角。

块状石装饰

块状石的墙角与块状石的面加工方式及边处理方式有关

内视的拐角

斧剁面加工，直边处理。

交错的墙角，体现在墙面上粗面长短块石。

长厚“L”板外墙。

圆凸面块状石加工，交叠块状石墙。

大墙角处理

斜角的屋角，墙面去掉棱角。

圆边墙角

墙角本来是直边棱角方式，改变成内凹式。

90° 交角在这里演变成展开的墙面，形成凹面。

大墙角处理

拐角内收成弧面

内凹的墙角处理，显得含蓄和把建筑与周边很好地预留出呼吸的空间。

去掉棱角的墙角

不断强调的柱壁

现代建筑的墙基

由于装饰的石材加工形式从块状到板状，加上施工方式的变化，所以，现代建筑的墙基产生了更多的变化，不再是只是古典定式的方式，更多是现代加工技术的装饰，或个人兴趣需要审美元素的装饰。

玻璃幕墙下的墙基由黑色山西黑石材曲线线条装饰，具有节奏感和流畅感。

超异型装饰

通过干挂形成的半圆鼓形墙基

板条装饰

小板材拼的线条，并有阴线。

玻璃幕墙的基础，采用色彩鲜艳的红色花岗岩，对比强，细线分隔线美观。

小板材拼的上下线条

板状拼装的插色平面墙基

小板条拼的线条，墙体下面是花盆。

线条装饰

黑色作为墙裙踢脚线，与墙面白色形成差异色对比。

半圆形线条

墙裙板线条和圆形线条组成的墙基

长条竖板与几何凹形线条装饰

半圆形的线条和板材组成的墙基

线条下面板材断面表面处理，把墙壁的立体感制造出来。

线条装饰

上下平直外凸线条，中间平板，传统古典的墙基，苏州文庙照壁。

蘑菇石的墙基，在女儿墙高度，加上一条圆形的线条。

座状线条

叠拼的倒边线条，上海中国银行墙壁用。

绳纹线条和内弧的异型板的墙基

线条装饰

墙基中采用蘑菇面和平板交替的做法

花格状线条

墙基线条

上下线条精加工面，中间自然面。

弧形内凹线条与弧形板装饰弧形墙基

砖墙中镶入石材线条

凹线墙基

波浪凹面

剁口及阴线变产生立体感

凹凸拼板的墙基

雕刻墙基

质地差异化的墙基

墙基线条加工的民居

古典式的墙基包柱

中式古典的墙基，采用帝王金装饰。

雕刻墙基

大型线条，采用花纹雕刻。

雕刻的墙基与玻璃幕

色彩、纹理装饰墙基

色彩比较深的黑金花作为墙基，爵士白浅色为墙身，色彩差异对比。

墙裙板材采用纹理特别丰富的板材装饰，形成对比。

墙裙以深色板条加以强调

墙壁的下部是利用比较重的色彩拼花来装饰的墙基

落地窗户外用花盆装饰

墙面的隔层线板和屋顶线眉

现代装饰是板材和线条的装饰，为了把建筑装饰更加立体，板材切块和钢结构的结合，把建筑外墙各个细部装饰的更加立体和具有古典韵味，或者通过干挂的装饰把外墙装饰的很有时尚感。

隔层线板

层单元墙面

层单元墙面板材装饰和隔层线板

线板装饰中间是空的

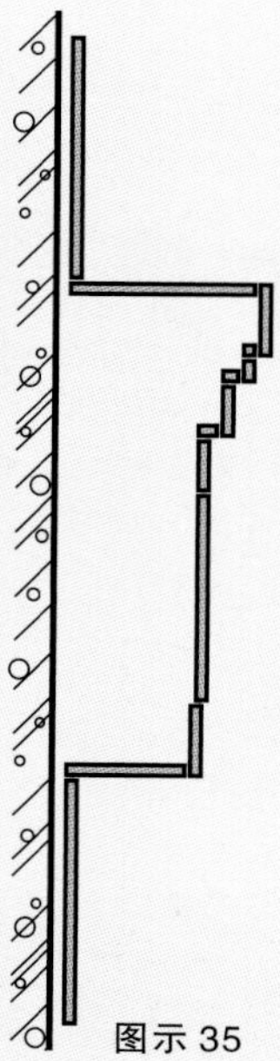

图示 35

雕刻线板

民族纹样在石材幕墙上的装饰

竹编肌理纹的线板装饰

雕刻线板

“吉祥结”纹装饰的线板。

莲花叶片状的线条

抽象几何纹的线条装饰

雕刻线板

中国古典铜器纹的线板装饰

下垂麦穗的屋檐线眉

欧式线条的装饰外墙

多层几何板线和花纹线的组合

雕刻线板

卷叶纹雕刻线板

隔层线板采用雕刻的花岗岩线条

多种线条组成的隔层线条

隔层线条，雕刻的组合线条。

异型线板

这些墙壁线条都是采用比较细条凹凸干挂的装饰，感觉很有现代感。

异型线板

上下为弧形线条，中间装饰尖塔块石。

板材干挂成递变的线板

环形线板，上下两层半圆线条，中间为板材组成的线板。

异型线板

隔层线条采用多材质的装饰，弧形的山西黑线条和枣红色的有机板组合。

上下半圆形线条和中间板材组合成隔层

板材拼出的凹凸几何组合线板

异型线板

多种规格板条拼装波浪折变的线板

圆边线条与板材组合的线板

方形几何线条装饰

异型线板

圆形线条

大片圆弧板的加工

凹陷线条

绳纹状线条

异型线板

用板条装饰成的立体线板

菱形几何纹装饰的隔层

“回”形纹样的装饰。

板条和弧面板组成多层的线板

欧式线板

屋顶线板往往是多层的线条不断的叠加，并外伸出来，形成了立体感及有挡风遮雨的作用。另外一些线条是几何形、雕刻纹样的线条。

层层叠叠的线檐

屋顶线眉

屋顶夸张的线条

欧式线板

古典式屋顶线缘

纵横交错的线条

古典式屋檐装饰方式

欧式线板

“C”形线板和凹块组成的线板。

欧式古典建筑外墙装饰的组合体，从下至上，叶片支钮、屋檐波浪层半圆形线条，屋顶底部托盘平直线条，绕钟飘带线条，环钟包边线条，顶部包角线条。

阳台下部的多种变化的纹样线条

满屋面的线条，古典装饰的特征。

屋檐和层之间的各种线条

墙面上层层叠叠的线条

欧式线板

青石线条

几何形线板

欧式线板

“S”线板和凸块板线檐组合。

几何形线檐

屋顶线条

欧式线板

凹形的线板把整个建筑装饰很有层理

欧式线板

多层弧线组合线条

绳纹及古典几何线条

欧式线板

欧式雕刻花纹的线条

单层三角弧形装饰

二层三角弧形线条组成

单层弧形与方形连体线条

单层三角弧形线条拼装的屋边线条

欧式线板

多层细节变化的屋顶线条

裙楼顶腰线

内凹平檐和凸石块的线檐

平檐和花线檐线组成的线条

欧式线板

采用板条干挂，形成凹面线板。

凹凸变化的线板

欧式线板

现代几何式多层线眉

简化的几何屋顶线板

裙楼顶部大变体几何线檐

半圆形的屋顶外线条

欧式线板

古典式的外墙，墙面各个部位采用各种线条装饰。

欧式建筑墙面应用丰富的线条的装饰，墙面造型生动。

古典柱壁中的线条装饰

欧式线板

古典式的线条勾勒出建筑的层次与曲线，也把建筑显得很很浑重与严谨。

古典式外墙用多层线条装饰

窗沿线条，通过屋顶线条，玻璃幕线条的装饰，建筑的立面显得立体。

欧式线板

多层线条组合的出檐线板

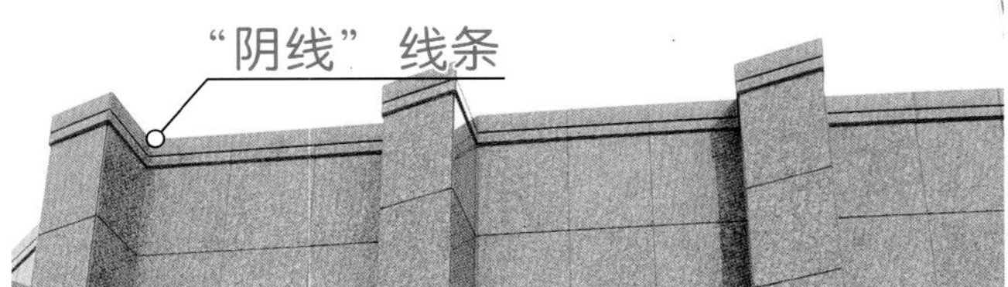

板条平整干挂，留出的细缝“阴线”为线条的另外表现方式。

板条拼出立体的线条

多层线条组合的屋顶线板

柱

古典的实心柱既是建筑的结构组成部分，典型的古典柱式包括希腊时期的三种，共有五种：塔斯干式、多立克式、爱奥尼克式、科林斯式、复合式。到现在的贴面装饰柱，柱在建筑结构中起到很大的作用，能够把建筑装饰的很有特色！

柱成为建筑立面很重要的支撑结构和装饰要素，对柱的装饰可以达到对建筑的合理装饰！

柱即可以单独成为装饰体，也可以成为整个装饰性的效果。

柱头：列柱。

欧式古典柱——圆形柱

柱身刻槽

欧式柱

欧式柱很注重造型，柱成建筑装饰的构建元素，在柱上雕刻内容比较少见，而更多是各种柱身构成、表面处理、柱头上大量做文章。

柱式门廊

欧式古典柱——圆形柱

柱身刻槽

比利时，纪尧姆纪念堂柱，公元16世纪。

凹槽古典圆柱

分开三段的并列柱，上为线板柱头，下为圆圈柱座。

上柱帽和下柱座均为线板

刻槽半柱成为柱身装饰

欧式古典柱——圆形柱

柱身刻槽

仿古典建筑装饰，柱成为装饰的元素。

刻槽空心柱

超大型的槽柱

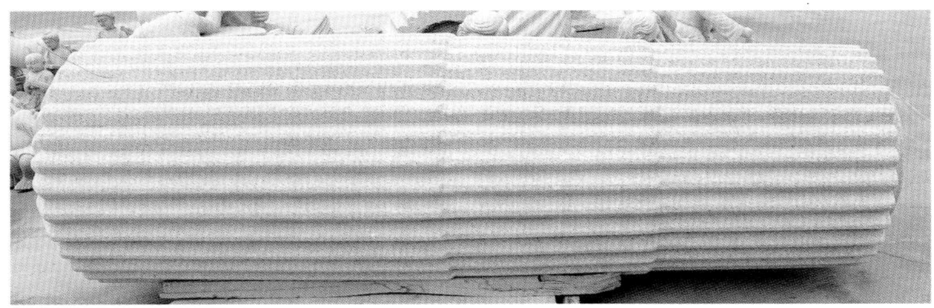

柱表面的波浪状槽

欧式古典柱——圆形柱

柱身磨光

西班牙，阿尔汗布拉宫狮子院柱，1338－1390年。

拉文纳，圣·维达尔教堂柱，公元4-6世纪。

法国鲁昂大教堂柱

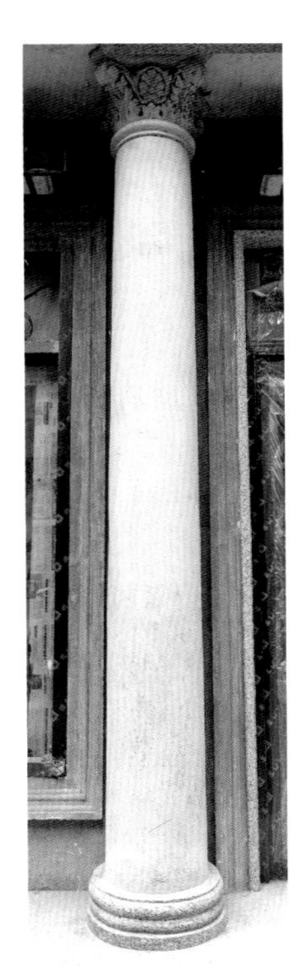

装饰成中国式花纹的欧式柱

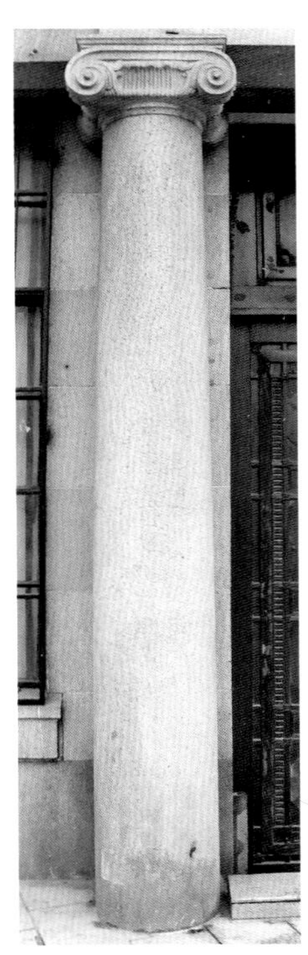

欧式古典柱——圆形柱

柱身磨光

双节拼柱，高柱体。

叠石圆柱

上柱头雕花草，下柱头为方柱座，整根采用青色石材雕刻而成。

柱分成三段叠成

延伸变体柱，柱体上小下大。

埃及柱

欧式古典柱——圆形柱

柱身磨光

柱身磨光高柱磨双柱

椎体形柱

门边内凹柱

柱身磨光高柱磨单柱

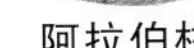
阿拉伯柱

欧式古典柱——圆形柱

柱身变体

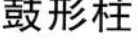

鼓形柱

高底座的双排罗马柱

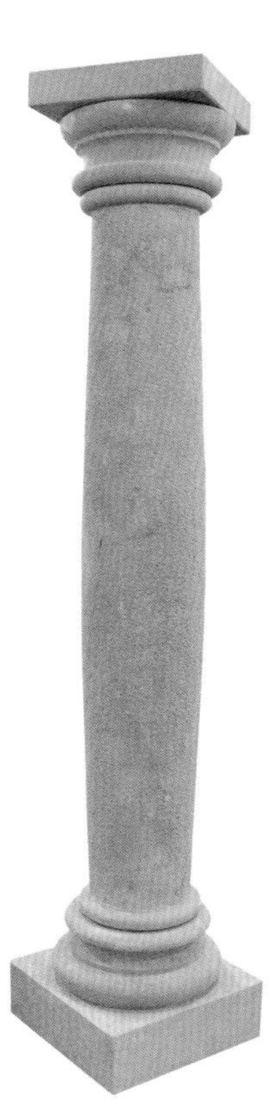

鼓形柱

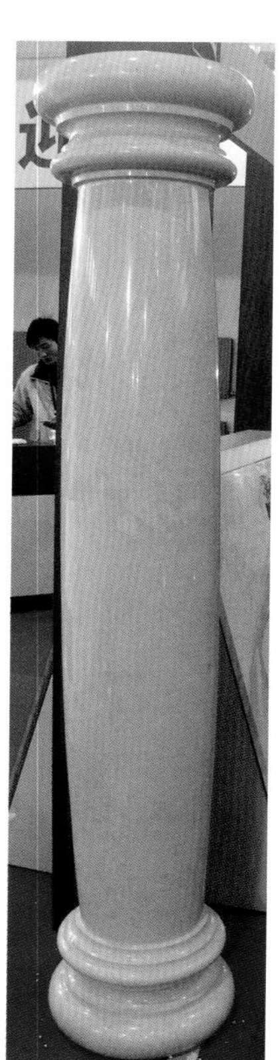

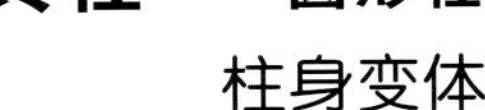

欧式古典柱——圆形柱

柱身变体

创意柱

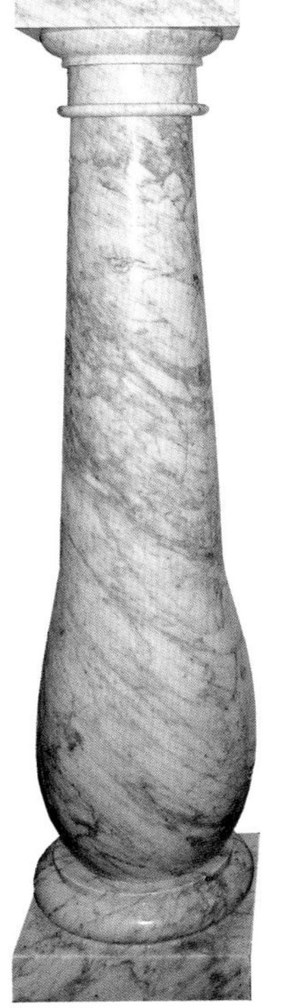

瓶状柱

埃及勒克斯神殿柱，
公元前1530年–前323年。

欧式古典柱——圆形柱

柱身变体

鼓形半柱

鼓形柱，采用纹理的对拼，这些都是纹理讲究的结果。

束腰柱

欧式古典柱——圆形柱

雕刻圆柱

印度柱，狮子为柱础。

柱身雕刻各种鸟兽

柱身雕刻经文，柱头为叶瓣状。

欧式古典柱——圆形柱

雕刻圆柱

伊朗米诺伊·拉罗罔清真寺，1280-1300年。

埃及柱

埃及柱

埃及布鲁斯神殿柱，公元前：223-30年。

卷叶、菠萝纹柱。

欧式古典柱——圆形柱

雕刻圆柱

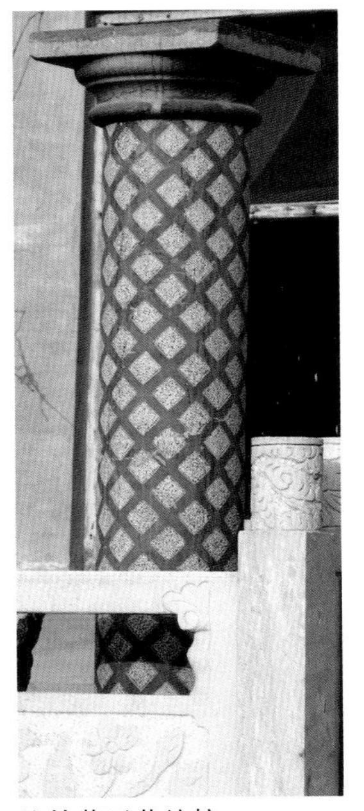
旋转菱形花纹柱

植物纹浮雕圆柱

欧式柱上装饰梅花纹

卷藤枝柱

中国甘肃青海塔尔寺柱，1711年。

欧式古典柱——方柱

柱身磨光

分节柱

一面凹槽欧式柱

一面是扁形的柱，中心柱柱座和柱帽采用石头，中心柱采用砖形，很中国古典色。

欧式古典柱——方柱

柱身磨光

波折的方柱

凹凸柱

平直均匀的墙柱

叠块状石

凹槽柱

欧式古典柱

叠石内弧装饰柱

欧式古典柱——方柱

柱身磨光

变化的柱体

中间平滑，两边是倒线条的墙柱。

粗面处理的柱

欧式古典柱——方柱

柱身刻槽

意大利，圣·斯
披特教堂柱，15世纪。

四面拼板的方柱

竖面凹槽的方柱

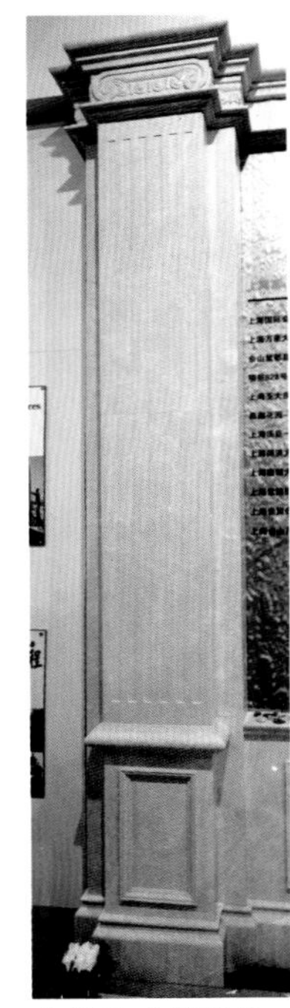

古典欧式拼接柱

欧式古典柱——方柱

柱身多种加工

叶片状槽形柱

印度斯瑞朗罔柱，公元13-18世纪。

塔式柱

整块石头加工的大小连体方柱

节块状的柱

欧式古典柱——方柱

雕刻方柱

泰王宫玉佛寺，1782年。

印度象头柱

花纹柱

圆明园的欧式雕花柱

欧式古典柱——方柱

雕刻方柱

刻字文化柱

刻字文化柱

埃及卡拉布，夏神殿柱。

整个雕刻柱

四方柱的柱身表面雕刻花纹

欧式古典柱——方柱

人体艺术柱

玻利维亚，泰亚瓦那可的神人柱，公元500年－1000年。

美神柱

美人鱼柱

扭曲人体柱

四季美人柱

欧式古典柱——扭纹柱

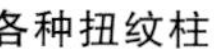
各种扭纹柱

欧式古典柱——扭纹柱

扭纹圆柱

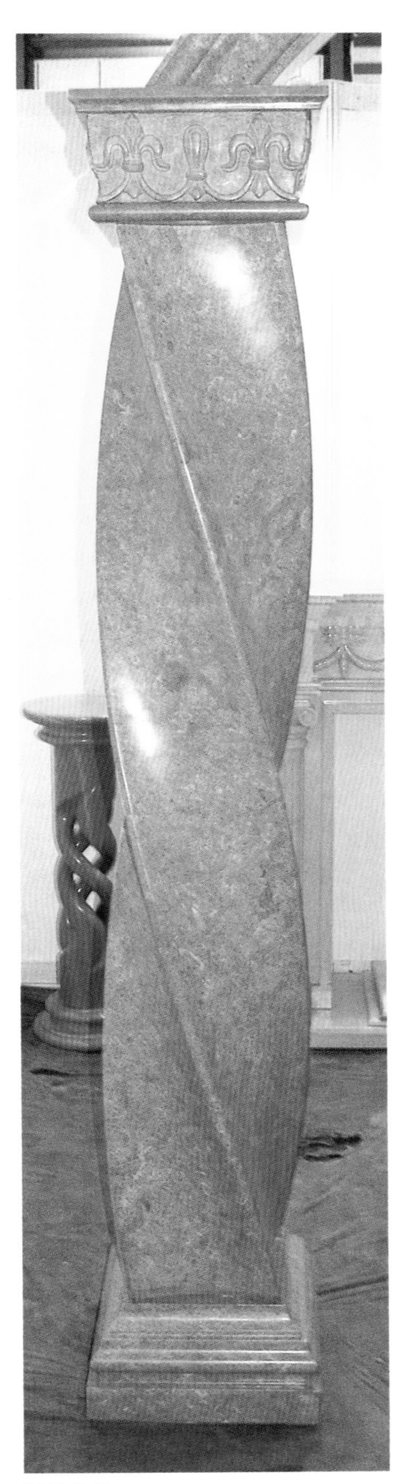
扭纹方柱

扭纹方柱

欧式古典柱——组合柱

多柱体装饰的豪华柱廊

方柱、圆柱组合柱

高低变化的多柱体

圆柱柱装饰在方柱中

欧式古典柱——组合柱

方柱与圆柱的组合

方柱与柱颈透光的圆柱组合

高柱座圆柱与方柱组合

高低错落的组合柱

高浮雕的牡丹花线檐，高柱座双方柱组合。

中式古典柱——龙柱

中式古典柱

中式柱注重在柱身上进行大量主人的思想意图，融楹联、各类吉祥如意的图案雕刻，如各种瑞兽或者人物花草等。中式古典柱从柱头开始就很注重雕刻和造型，寓意深刻。

盘龙镂空龙柱，鼓状四季花卉浮雕柱座。

画中的云龙盘柱

中式古典柱——龙柱

百凤柱

五龙柱

盘龙柱

镂空柱花鸟“福”字圆柱。

中式古典柱——龙柱

山东曲阜孔庙大成殿的龙柱，1724-1750年。

龙柱

龙柱

龙柱

龙柱

中式古典柱——龙柱

茶文化主题性装饰

腰部装饰体育运动图案

腰部海浪纹装饰，柱身装饰体育运动图案。

镂空盘龙柱

中式古典柱——几何柱

北齐石柱（中国）569年。

六面纹样雕刻柱

六棱柱和柱头

方柱显得大方立体

八棱柱

现代装饰柱

欧式传统柱式在古典时期都是用石灰岩材料加工，表面比较暗淡和粗糙。但是，在柱头和柱座用合适的比例做出精美的效果，把建筑装饰处理得精美无比！这个时期更多是依靠建筑的比例设计，达到美的视觉效果。

到了现代装饰柱，材料的多样性，把建筑装饰处理得更加丰富多彩。所以，现代建筑装饰更多是在材料上下功夫。丰富多彩的纹理和各种具有透明效果的玉石等材料的使用，把现在建筑装饰的更加精美！

高耸的巨柱构成立体的高大和超大的体量效果

现代装饰柱

圆形柱

圆弧形板平行对接的柱体

圆弧形错位拼块的柱体

多层线眉下的古典柱装饰

现代装饰柱

圆形柱

钛金板镶入花岗岩圆柱中

两种大理石加工组合的圆柱

蘑菇石装饰的柱

钛金装饰的圆柱

层次感很强的凹凸柱

现代装饰柱

圆形柱

直径达2米，长度达15米的超大型整体空心柱。

超大型空心柱

巨型空心圆柱

巨型镂空圆柱，这样的圆柱加工可以实现很多设计师的超常规想象力！

现代装饰柱

方形柱

柱中间分别装饰花纹与层理状板。

中间凹槽四方柱

四方凹槽变体柱

实心凹面线条柱

加宽拉槽柱

现代装饰柱

方形柱

变化的色彩表现柱的美感。

黄色的板材与黑色的板材拼装成凹凸的柱。

马赛克和雕刻的组合

线条与板拼的仿古典柱

玉石拼贴的透光柱

线条与板材组合的古典柱。

线条和板材组合的古典柱

现代装饰柱

方形柱

拼柱

现代装饰柱

方形柱

重复组合的四方柱

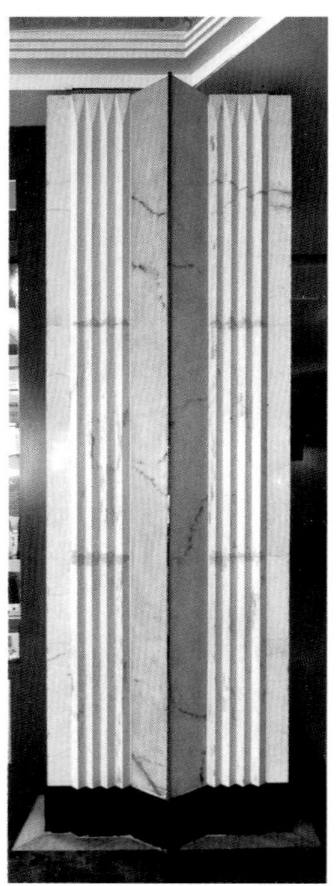

线条变化的柱

现代装饰柱

方形柱

方块凹凸叠加柱

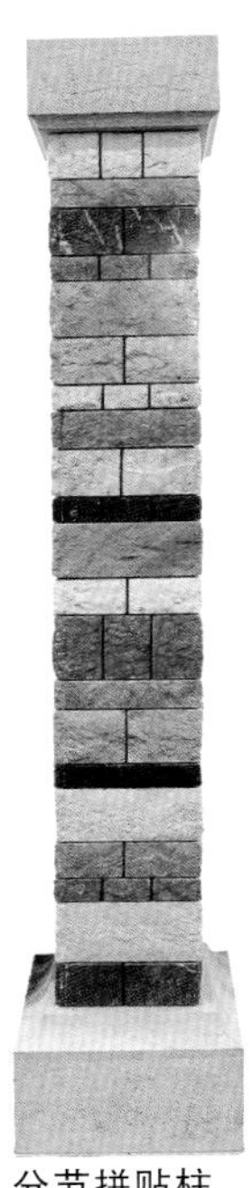

分节拼贴柱

柱头雕花与柱身蘑菇石的结合。

柱座雕山水纹，柱颈雕花卉纹装饰。

表面粗面处理的柱头，回纹线条，柱身板材厚度变化装饰的柱。

块状表面加工，边线精加工。

现代装饰柱

方形柱

板块交替变化的贴面方形柱。

拉槽表面加工整体方柱。

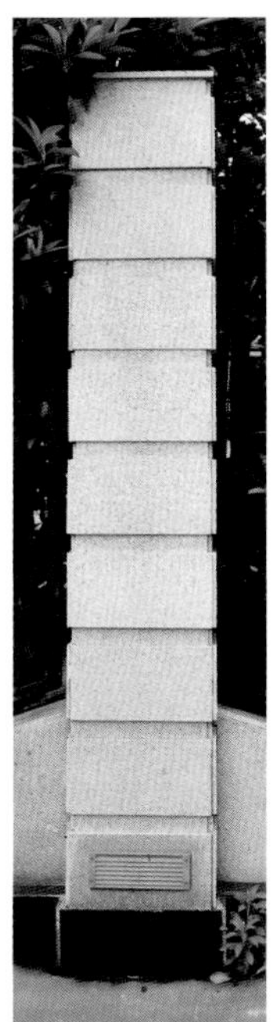

均匀大小板材贴面方柱。

毛石拼块石柱

两组重复方柱

一大一小递变的方柱

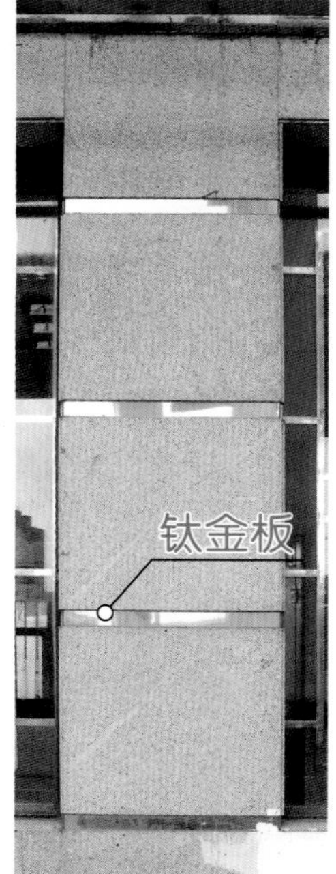

柱缝中镶金属板

现代装饰柱

方形柱

切割形成的柱式

贴墙三面方柱

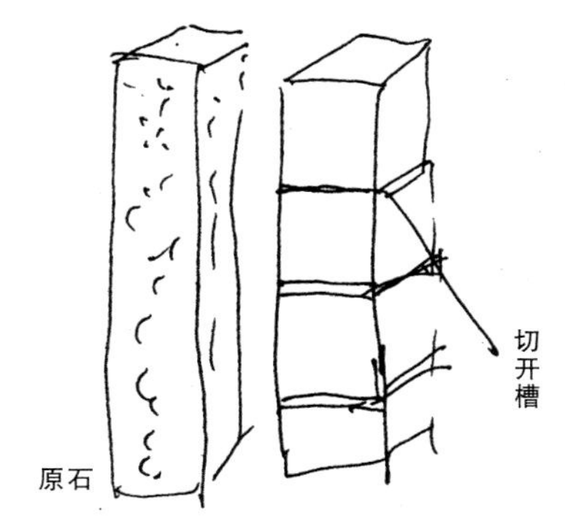

方案一：整根原石，通过切缝而得方柱。

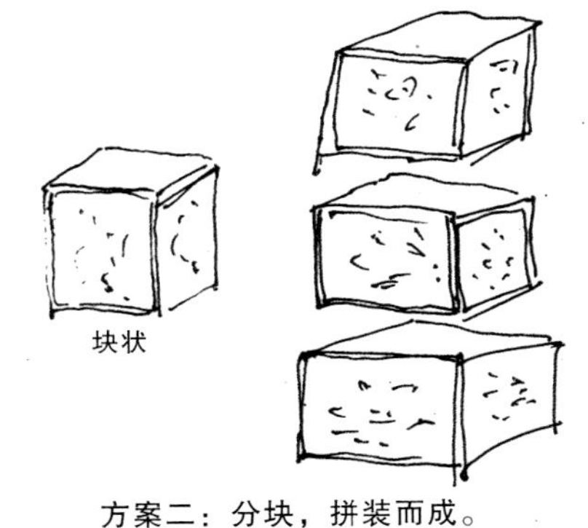

方案二：分块，拼装而成。

方案三：用磨菇石湿贴或干挂。

现代装饰柱

柱身装饰雕刻纹样

用壁画装饰的建筑柱

古典墙柱

装饰成壁画的柱

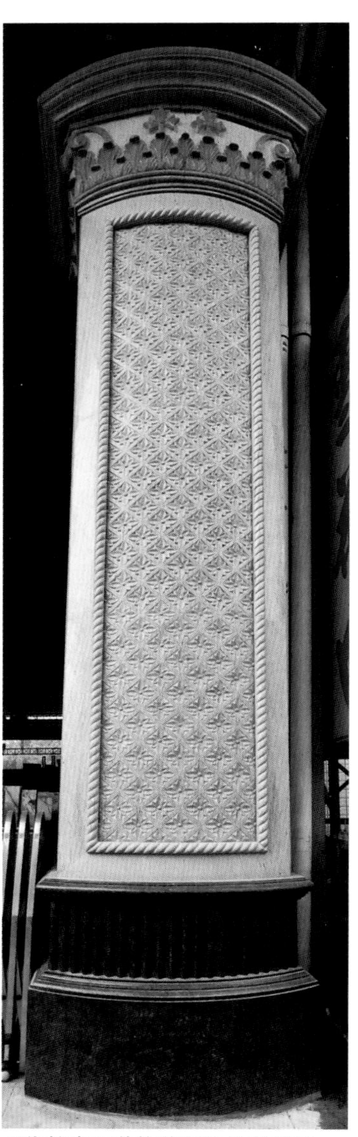

现代柱表面装饰花纹和线条的柱

现代装饰柱

柱身装饰雕刻纹样

柱头和柱身装饰浮雕纹样

镂空雕花四边柱

镶嵌纹样雕刻的组合柱

多种线条组合柱

镶花纹的大理石柱

现代装饰柱

变体柱

束腰变形柱

螺旋柱

拼纹扭纹柱

现代装饰柱

圆形变体柱

柱身大小不一样的柱

上大下小喇叭形的柱

两个半圆和中间方柱组合的连柱体

现代装饰柱

多面柱

八面体的拼贴柱

下大上小六面柱

变体柱

采用不规则表面粗糙的石皮拼接的柱。

变体柱

现代装饰柱

纹理柱

柱采用幻彩纹理装饰圆柱（幻彩麻花岗岩）

九龙璧飘丝的纹理柱

包柱圆弧贝壳纹

丝线的纹理灰黑色柱

现代装饰柱

纹理柱

土耳其白按平行纹理贴面柱

豹纹点白色大理石柱。

古木纹竖向纹理连接柱

花絮纹的黑金花加工的柱

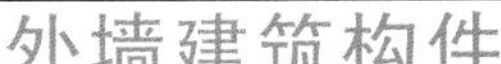

门头装饰

古典欧式

别墅门头和柱

门头装饰

古典欧式

凯旋门式的门头成为装饰的元素

门头装饰

古典欧式

墙壁中大门套的装饰

门头装饰

古典欧式

柱式的门套

歇山式门头，建筑充满递进层次生动感。

门头装饰

古典欧式

古典式的门柱大门

体现地方历史、民俗、文化特色的别墅正面建筑墙面，这是别墅最重要的一面。

线条和板材装饰的外凸门头

门头装饰

古典欧式

高门头柱式大门

柱廊中装饰门头，强调建筑的核心部位，如门廊增加建筑的威严感，门头增加建筑的气势。

西亚风情的大门

门头装饰

古典欧式

凯旋门式门头

阳台内含式大门，说明内部是按层建筑。

线条式门头，中堂外墙两边采用三个圆拱的玻璃幕墙，柱采用花岗岩拼装。

门头装饰

古典欧式

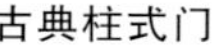
古典柱式门

门头装饰

古典欧式

装饰性图案很多的门套

门头装饰

古典中式

中式古典门头

中式古典式门头

门头装饰

古典中式

古典元素的门柱

中式古典的门套，北京大饭店。

门头装饰

现代式

板材与线条拼出的仿古典门

钢结构、玻璃、石柱组合的时尚门头。

板材拼接的门头，凹凸有致，线板为板材伸缩安装而成。

门头装饰

现代式

简易的大门套

柱式大门

门头装饰

现代式

凹面的门，可能表示吸财之意，对于门头式和门廊石及附墙式等的多种门的设计，可以看出建筑主人的各种意图。

门墙板采用高档蓝珍珠的花岗岩，外伸采用金属门的大门。

门头装饰

现代式

酒店、办公大楼门 现代很多酒店或者办公楼的门面主要采用钢化玻璃和石材组合的门面！

棕色石材与玻璃铁构件的门檐

现代建筑的门成为象征性的建筑，感觉很大，并且成为立体的装饰要素。

现代门面塑造的鬼斧神工，气势壮观。

门套装饰

门套： 大部分采用线条或柱装饰，是现代装饰重要元素。

雕刻线条门套

拉毛门套

外门套纹理石装饰，内门套马赛克装饰。

门套装饰

门套

门柱式门套，柱是装饰用的。

直板线装饰的门套

直板线装饰的门套

门套装饰

门上可以采用柱来装饰

整个设计风格是欧式，大量采用线条、柱头、变化的柱、装饰纹样、几何分割和拼接，这是现代酒店装饰的风格之一！

门柱式

门套装饰

平板装饰的门套： 板材直接干挂成立体的门洞。

横向纹理拼接平直面门套

表面拉毛的门

斜面干挂形成的门洞

门套装饰

线条式门套

透光石在门套中的使用

平板式门套

门套装饰

红色和黑色搭配，形成高贵的色彩。

山西黑线条门套

门套装饰

上海石库门是中国门的一个特色文化

板材拼贴的古典门头

门套装饰

皇家金檀的门头装饰效果

开槽的柱板

门套装饰

古典元素在现在装饰中的应用

圆形线条门柱

雕刻式门套

门套装饰

门套装饰

门头装饰元素

门头装饰元素

欧式古典的门头

板和线条组合的电梯门

门头装饰元素

盾牌般的门钮

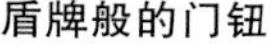

栏 杆

栏杆作为建筑构成的元素之一，本来的功能是起到遮拦的作用，随着加工技术的进步，栏杆不但完成功能的作用，而且也成为建筑装饰的要素。精美的异型和美好寓意的雕刻，栏杆已成为可以很大创作的建筑构件元素。

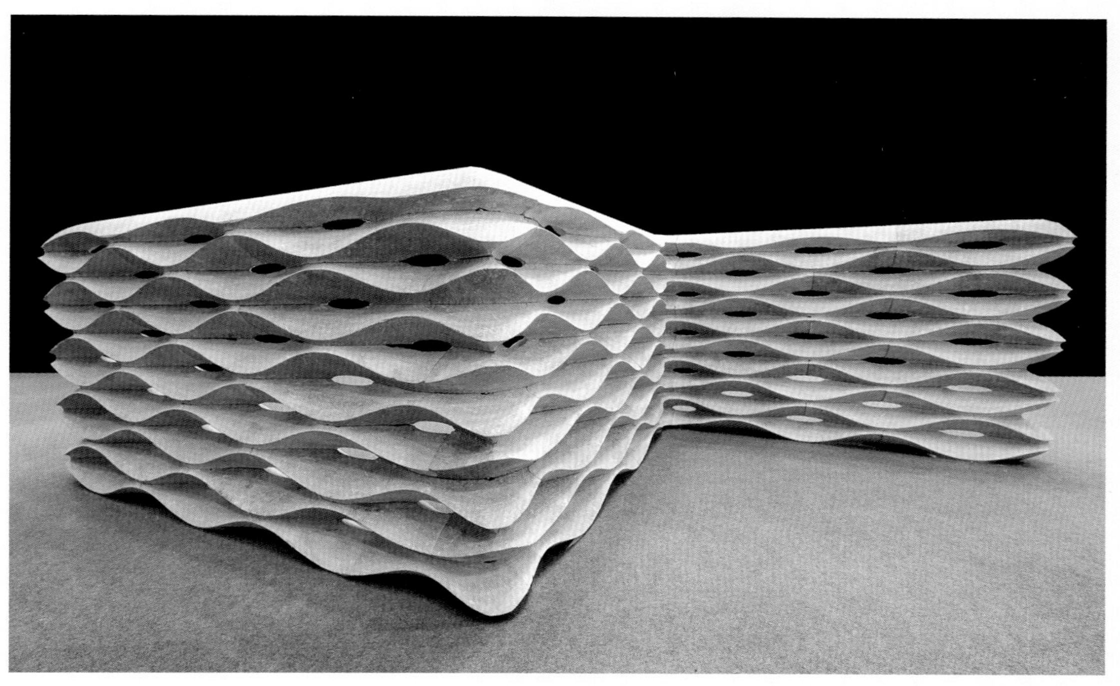

创意栏杆

情趣人物雕刻栏杆

云纹雕刻栏杆

云龙纹立体栏杆

创意栏杆

纹理对拼的栏杆

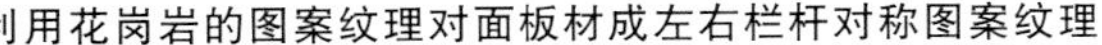

利用花岗岩的图案纹理对面板材成左右栏杆对称图案纹理

用六面体玄武岩做的栏柱，花岗岩加工成交错圆棒，体现加工技术与创意。

创意栏杆

方格镂空古典欧式栏杆

仿木横条栏杆

门洞式古典栏杆

半圆门洞式栏杆

纹样雕刻装饰栏杆

心形镂空古典栏杆

创意栏杆

椭圆形镂空栏杆

蜂窝状方格装饰栏杆

创意栏杆

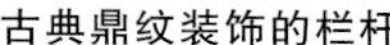

古典鼎纹装饰的栏杆

古典纹样雕刻栏杆

创意栏杆

大花瓣的雕刻栏杆

圆明园内残留的栏杆

创意栏杆

双狮栏杆

环形游龙栏杆

古典纹样装饰的栏杆

创意栏杆

隔层和栏杆

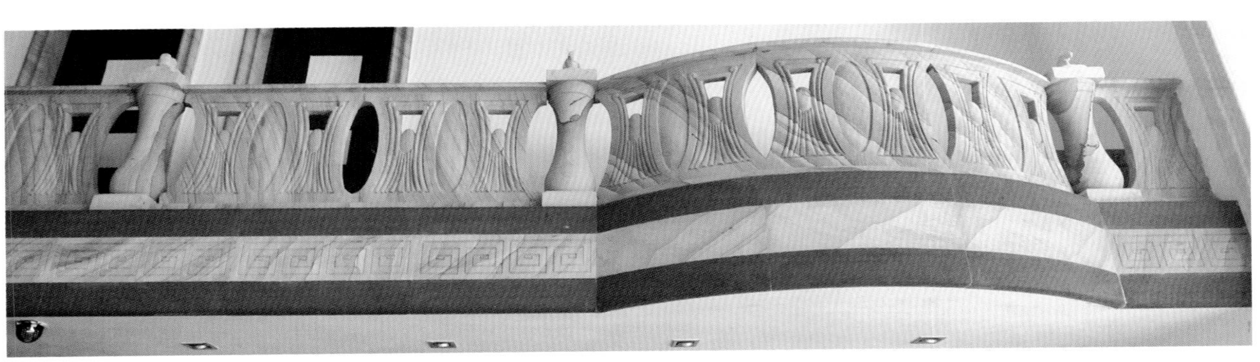

中式古典栏杆

故事浮雕的栏杆

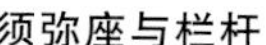

须弥座与栏杆

中式古典栏杆

栏板中间是大理石花果雕刻

龙形栏杆

万字形和交叉形的汉白玉栏杆

阳台、屋顶栏杆

仿古典阳台栏杆

中式花瓶式栏杆

阳台、屋顶栏杆

水刀镂空的栏杆

块石虽然简结，但是充满力量。

直线栏杆

直线栏杆

变体栏杆

弧形栏杆

升出柱头拐弯栏杆

栏板型栏杆

雕刻栏杆

板状栏杆

实心栏杆

“出头”栏杆

古典栏杆的拼装

平顶直角栏杆

栏杆柱头

花盆栏杆柱头

花盆式栏杆头

栏杆柱头

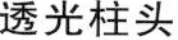
透光柱头

栏杆柱头及线边的加工

仿古典式柱头

柱式栏杆柱头

栏杆柱头

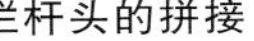

栏杆头的拼接

栏杆柱头

扭纹状栏杆

辅助设施

墙壁上的各种现代设施，用石板材装饰表面，与墙体形成一体，很美观。

门板装饰石材

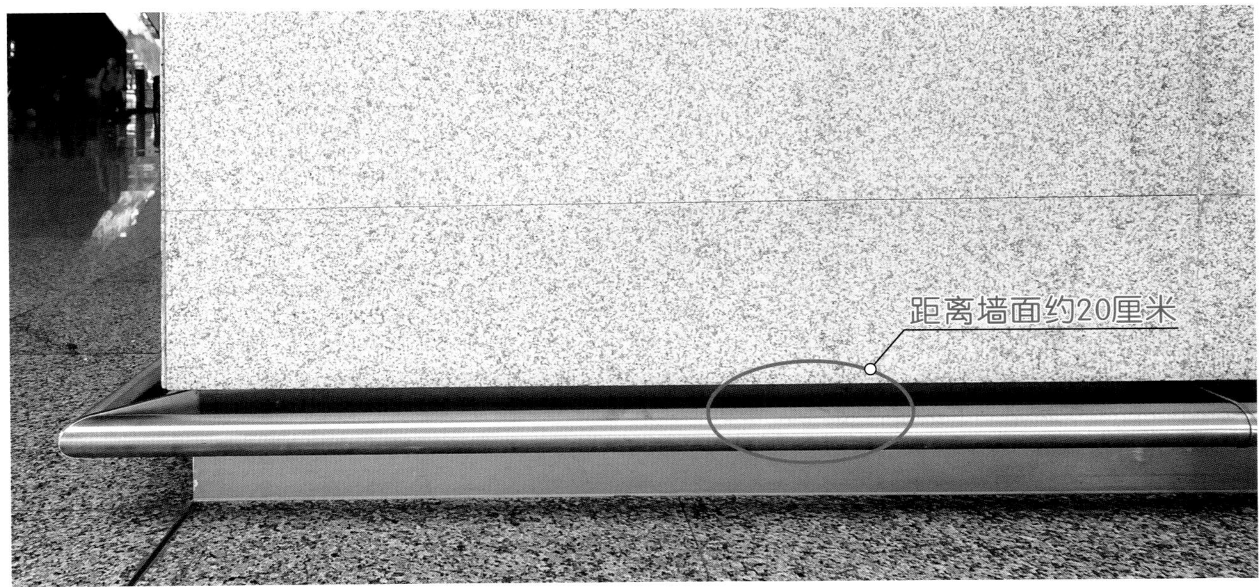

公共场所，踢脚线下，增加防撞金属栏，减少板材受冲撞破坏。

建筑配套中的石材装饰

辅助设施

空调安装处安装散热片

设备贴面

建筑中的那些设施表面都进行石材包装

花岗岩外墙的石材表面处理

石材表面的不同处理不但能够改变石材的颜色表现特征及表面的质感状况，而且有些处理也能满足建筑功能。比如音乐厅中墙壁石材装饰，石材钻孔的表面处理，起到吸收声音的作用；地面的火烧面或者拉毛面，起到防滑的作用；还有一些亚光面或者仿古面是为了减低光面的照射给生活带来的心里压力。

花岗石具有坚硬、耐风化的特征，广泛作为外墙装饰的材料。为了提高建筑外墙的装饰性，对石材表面进行各种加工处理，以提高建筑装饰的差异化的装饰特色、提高装饰的文化等品味等等，具有很重要的作用。

花岗岩外墙的表面处理方式以物理方式为主化学方式为辅，有火烧面、磨光面、切割面、机械捶打面、拉毛、仿古面、电脑纹样雕刻、喷砂、喷水等处理方式。按照花岗岩的颜色不同，石材进行处理的方式也不一样，黑色的花岗岩处理的方式很多，由于色彩的对比性很强；浅色的花岗岩只能通过表面的处理方式达到建筑外墙的美感，提升了花岗岩的应用价值。但是对于那些颜色很深的花岗岩如：红色、绿色、青色等，经过火烧或者机打等处理方式，板材颜色也体现不出来。所以这类花岗岩表面不适宜进行大量的加工处理，而磨光面才是体现板材色彩和质感美。

TOWN

不同表面处理，表面色彩差异很大。

浅色调的花岗岩表面处理

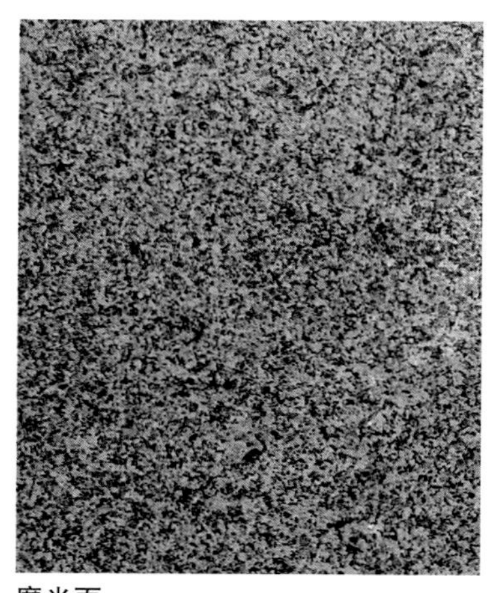

磨光面

火烧面

火烧、仿古刷面

荔枝面

斧剁（龙眼面）

拉毛面

自然面

粗面拉毛

中色调的花岗岩表面处理

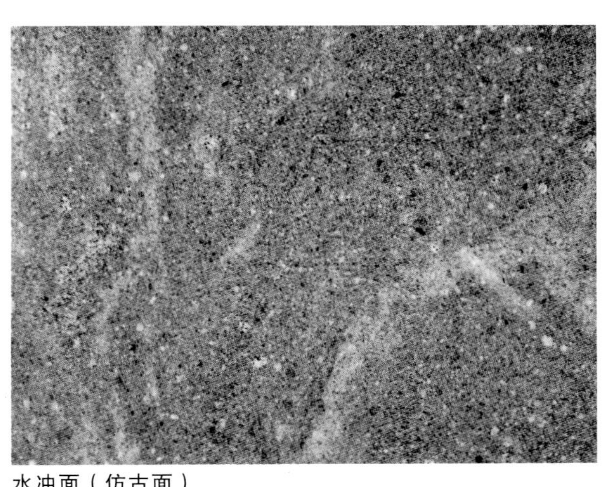
水冲面（仿古面）

火烧面

荔枝面

龙眼面

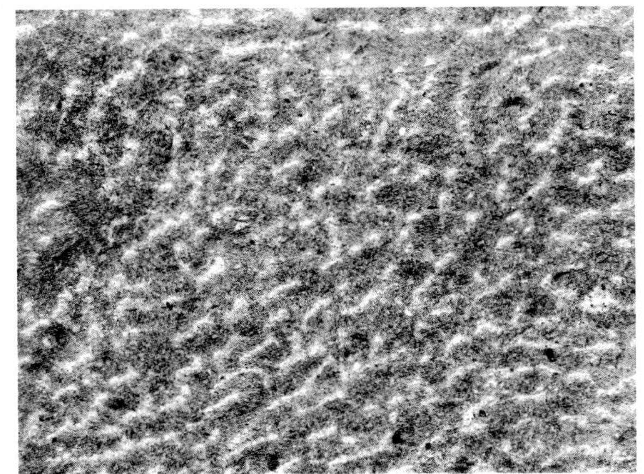
菠萝面

自然面

深色调的花岗岩表面处理

磨光面

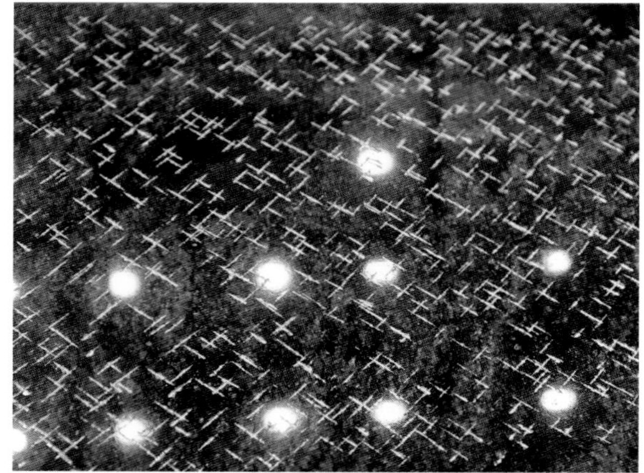

星光面

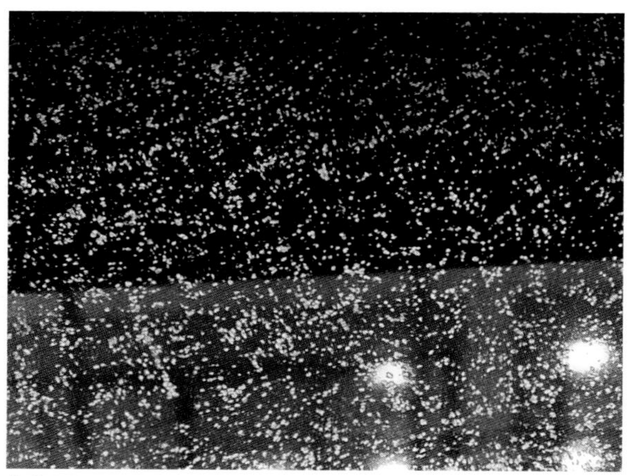

鱼籽面

飘雨面

阵雨面

火烧面

磨光后颜色很深的石材，表面处理需要考虑适当的方法！作者认为这样石材用火烧有点浪费！

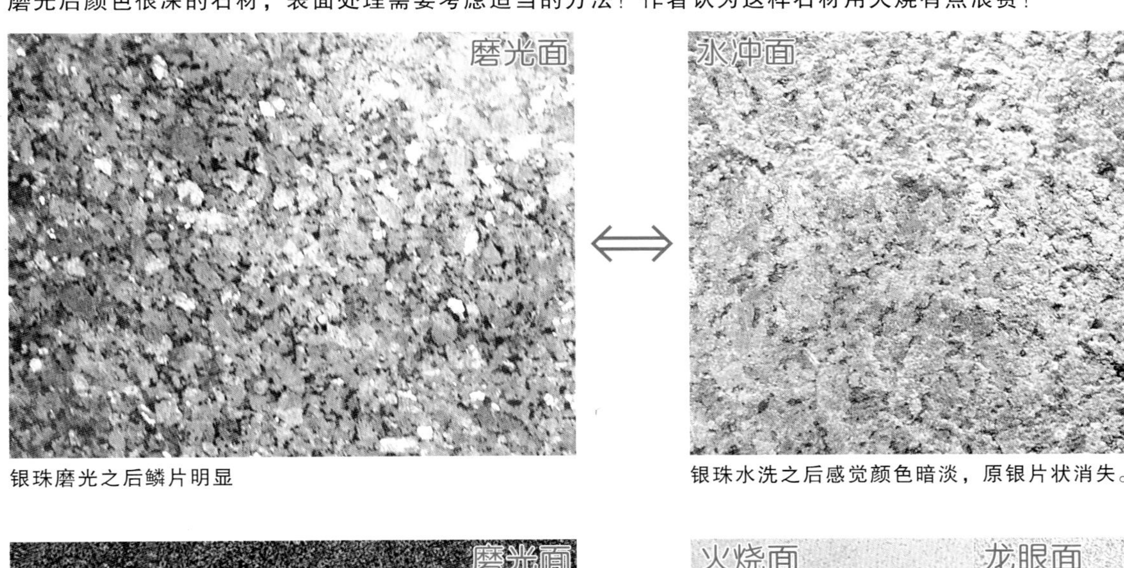

银珠磨光之后鳞片明显

银珠水洗之后感觉颜色暗淡，原银片状消失。

竹叶青磨光面

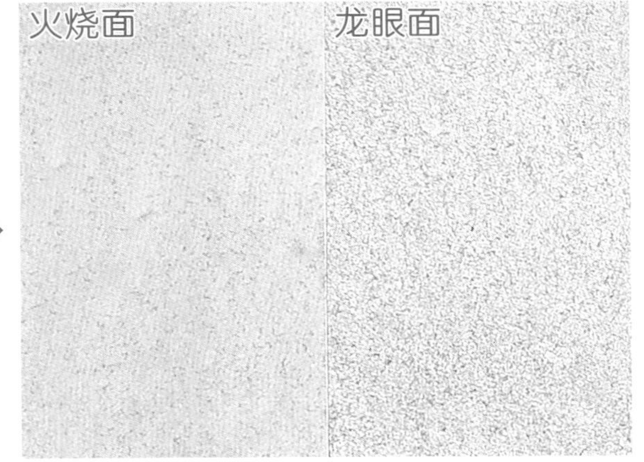

竹叶青火烧面、龙眼面。

金丝玫瑰磨光面的金丝美感

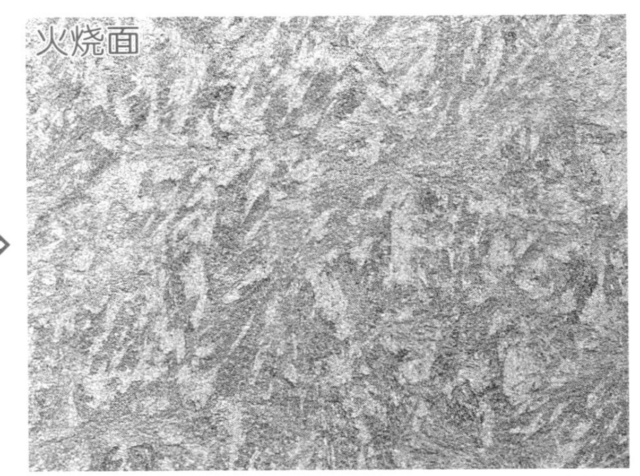

金丝玫瑰火烧后看不出结晶纹理的美感，这么高档石材的表面火烧后，石材的美感变得不突出。

纹理性强的石材表面处理

山水岩磨光之后纹理图案清晰

山水岩表面打成龙眼面后的纹理不清晰

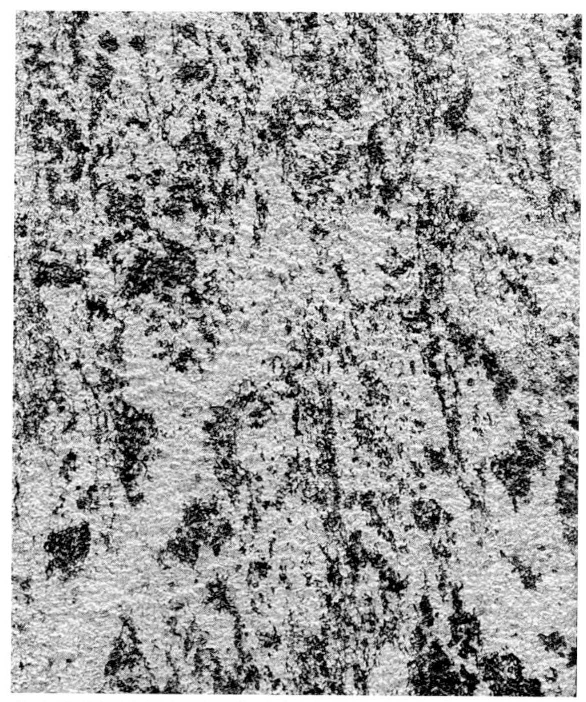

山水岩表面火烧的纹面如水墨纹的效果

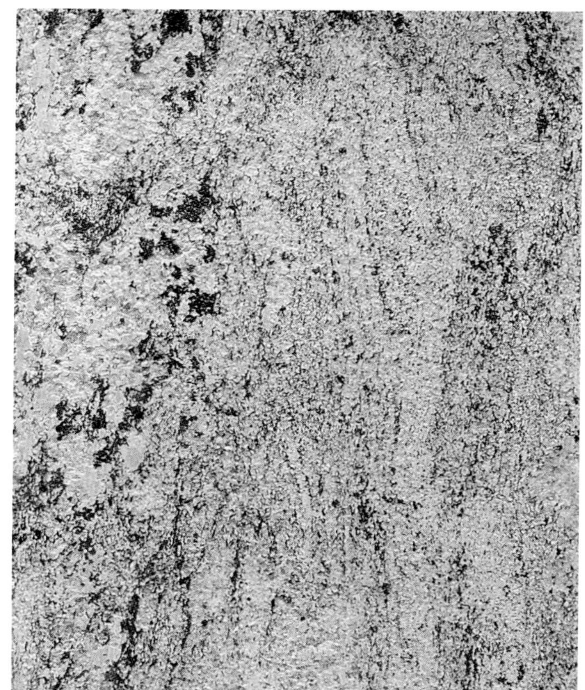

另外一些面水墨纹比较少

表面有规律的处理，形成新的图案，这些处理主要在色彩比较暗的石材上！

图案形的喷砂处理

孔洞玄关

深色石材的粗糙面处理，就会形成颜色比较浅的效果！

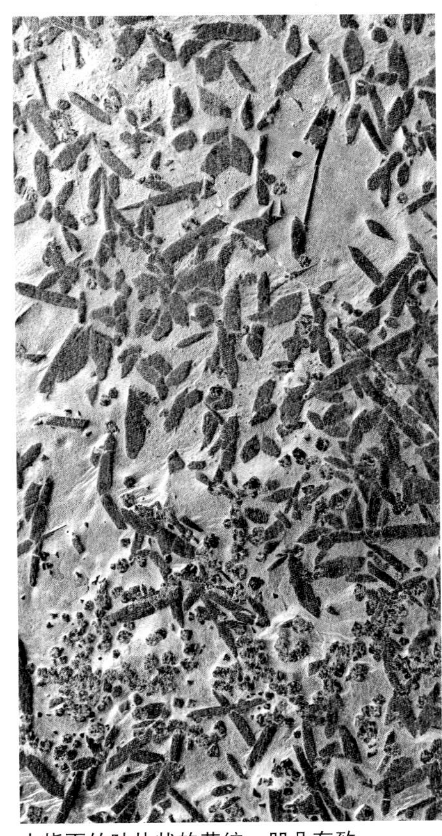

火烧面竹叶片状的花纹，凹凸有致。

仿自然肌理

草花纹

电波纹

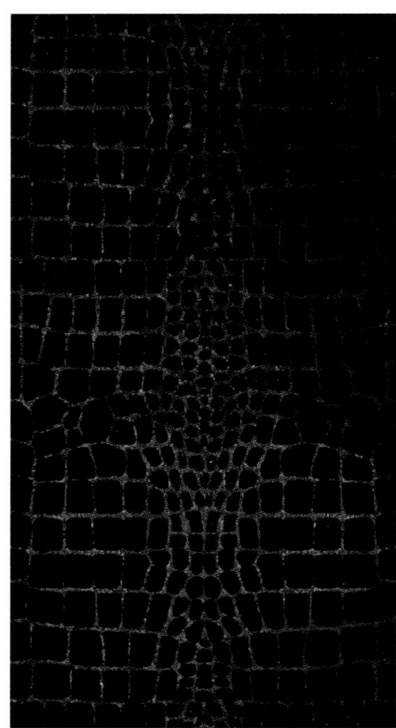

皮革面

表面粗粒的处理，这样的处理是雕刻出来的。

各种拉毛表面处理

图示 36

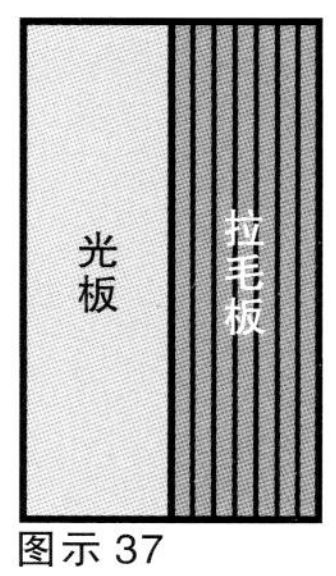

图示 37

粗面的与光滑的局部组成壁画

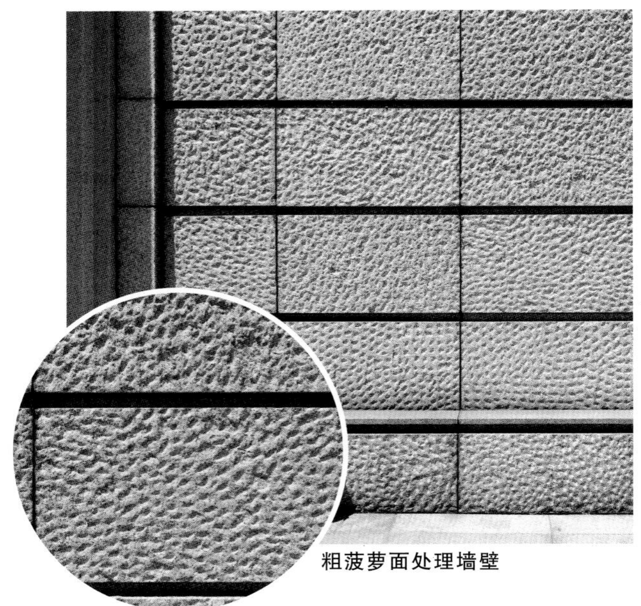

粗菠萝面处理墙壁

表面斜拉毛处理的墙壁

自然面条石和磨光面的结合

菠萝面的处理

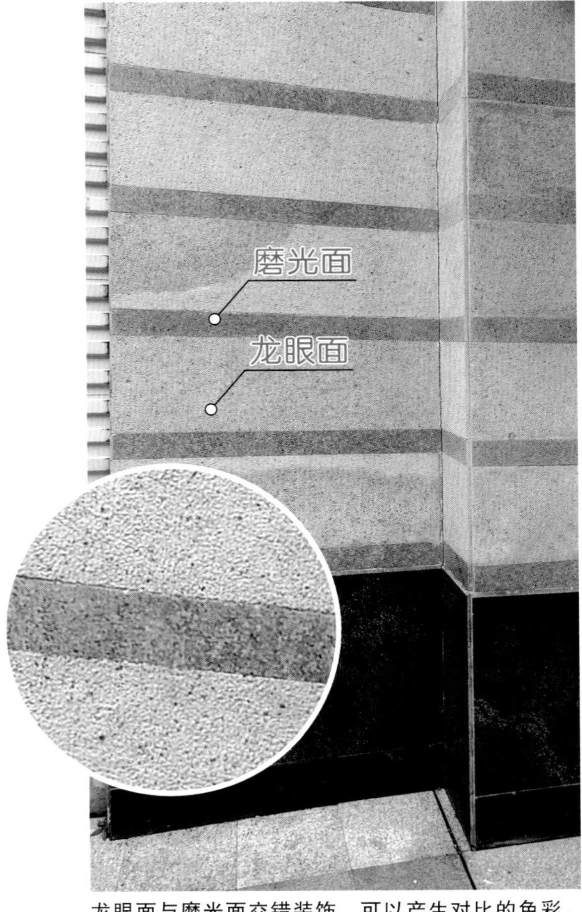

龙眼面与磨光面交错装饰，可以产生对比的色彩。

青石与黄色锈石的龙眼面表面处理拼装出来的效果

山西黑的火烧面淡青色和磨光面亮色大小不一铺设，形成强烈对比的层次色彩。

磨光波浪面，油亮而有变化。

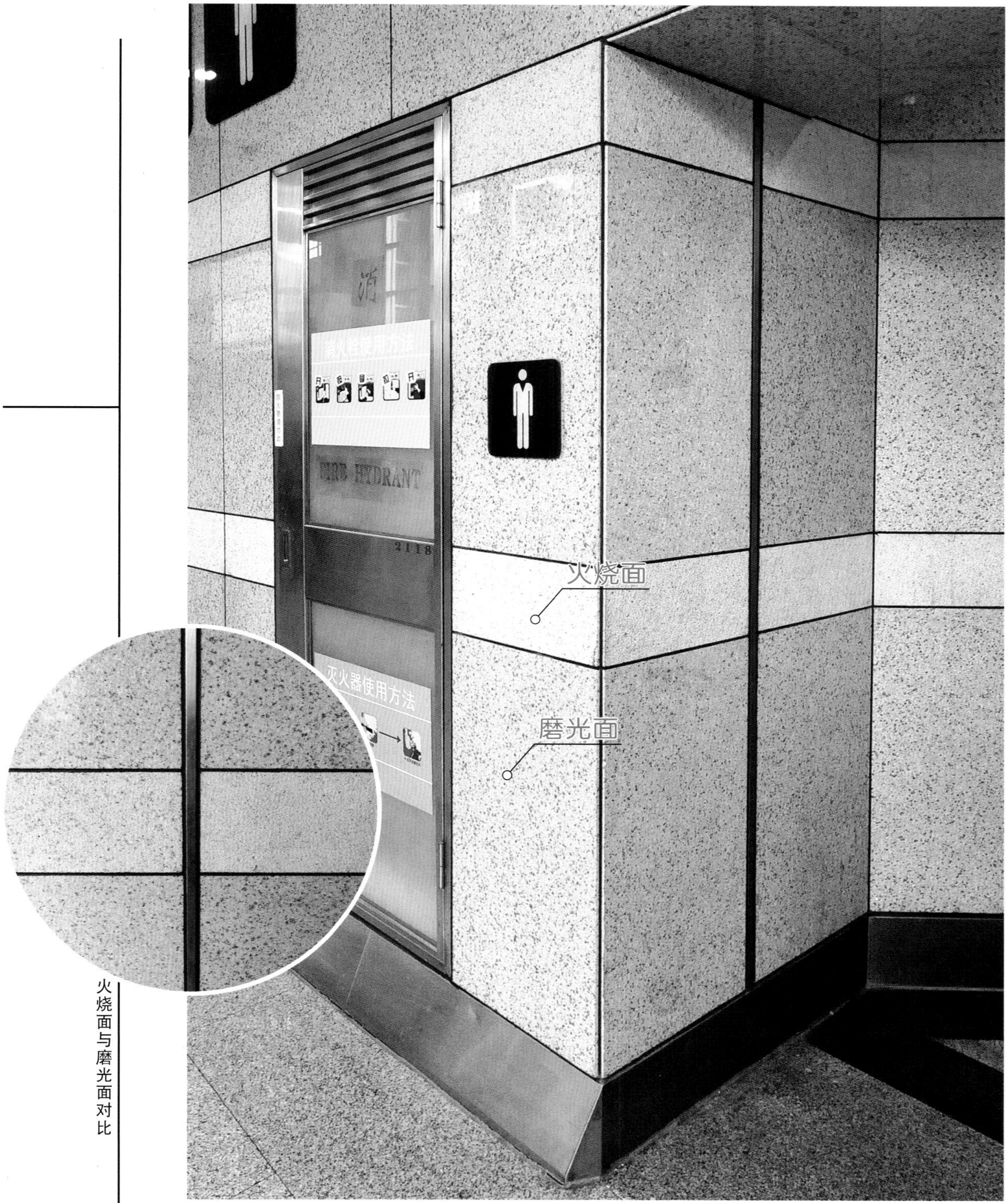

火烧面

磨光面

火烧面与磨光面对比

同一锈石磨光和火烧处理表面形成对比色装饰

磨光的板材表面交叉拉毛

墙面装饰采用表面横割线的G654板材表面处理装饰，肌理质感强。

磨光的表面墙体

方块蘑菇石墙

柱表面火烧面，而墙体采用蘑菇面，两种不同面的装饰对比。

主通道两边采用孔洞的处理，达到功能上吸收声音的作用，国家大剧院。

拉毛的福鼎黑细腻的肌理，装饰柱，感觉很有时尚感。

条纹的割缝表面处理把建筑处理的立体，颜色较暗沉的石材通过处理更显美观。

割缝的装饰

水池中装饰板采用拉毛表面处理，丰富墙面的肌理感。

花坛也采用表面处理

柱体自然面表面上再加上刀刻处理的贴墙装饰

利用不同的表面处理装饰的柱体，有立体感。

欧式古典建筑墙面块石的表面边沿加工，产生了无穷的立体感。

荔枝面加工墙基与自然面石块的墙身，产生很强的不同表面处理质感对比，上海外滩。

不同缝隙的大小墙面，缝隙成为立面装饰元素。

一层是凹缝很深的平滑面石条，二层是平滑细缝的墙体。

拉毛的表面处理

顶头墙，主要依赖各种表面的处理和石块边处理。

亭基座墙壁上的拉毛表面处理

现代外墙装饰方式

现代外墙石材成为装饰的材料之一，充分利用石材的色彩、块度、形态等加工方式来装饰。

毛石墙

蘑菇墙

精加工块石墙

欧式古典墙

仿欧古典墙

中式古典元素墙

雕刻纹样装饰的墙

简洁立面墙

石材与新材料组合装饰的墙

艺术墙

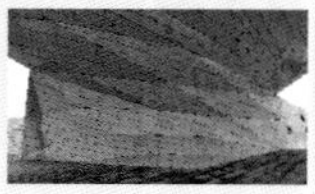

变体墙

方块毛石

方块整齐拼贴的墙面中插入小方块石条

长短变化的蘑菇石与长短变化的光滑玻璃窗形成材质对比，古朴而时尚。

方块毛石

建筑立面的线条采用金属处理，形成一条流线，与粗面石形成质地对比，古朴而时尚。

条形石

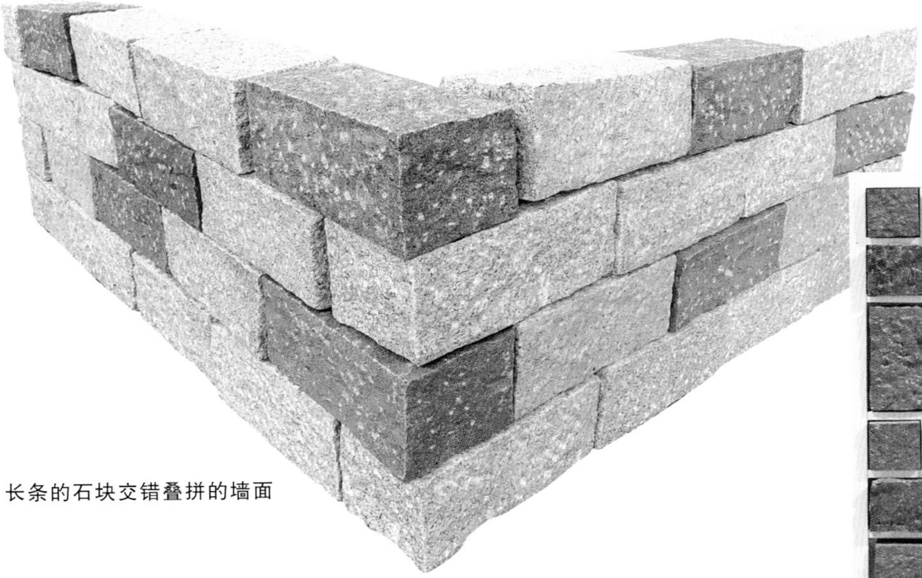

长条的石块交错叠拼的墙面

墙面的用各种规格方块石头，并按照颜色进行装饰，别致（杭州宋御街历史博物馆）。

条形石

墙壁条状石与草的装饰效果

不同大小拼块蘑菇石（三种方式）

四面机切大小均匀的块状石插色墙体，感觉很雅致。

霹雳面毛石叠成的古朴墙

条形石

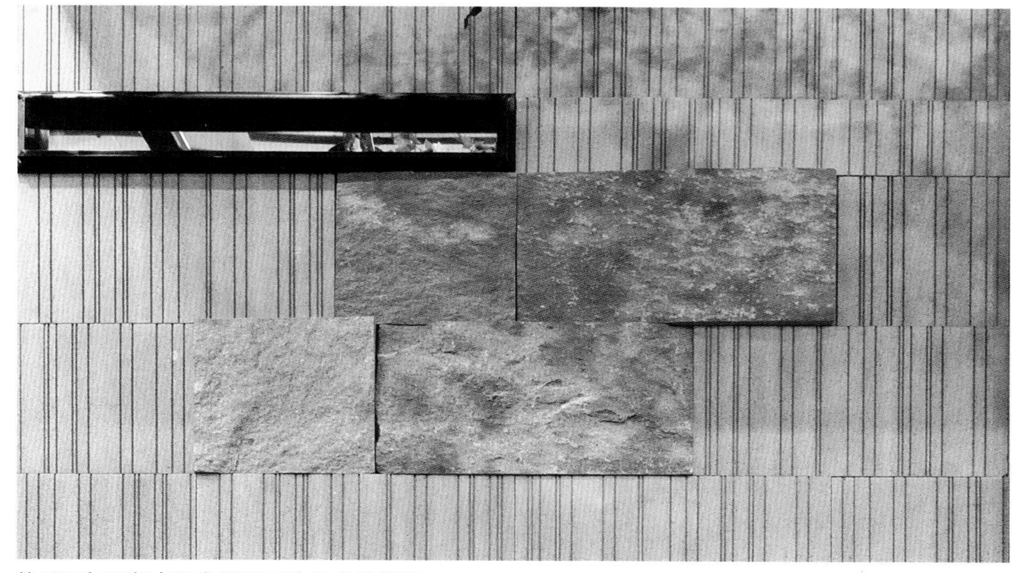

拉毛石与局部点缀自然面石块组成的墙面

墙面采用多种毛石拼接的形式装饰，显得古朴。

杂形石

墙角方块石磨平，其余部位粗糙的杂形块状石。

采用不规则的形体亚光面的块状石和磨光压顶的表面来处理，达到对比的墙立面效果。

变体的和不同的块状石的表面加工墙体

杂形石

毛边石块交错叠拼

多边形直边的花岗岩拼块墙，形成古朴感。

毛石墙的应用，杂形毛边叠墙。

杂形石

凹凸不规则的变化

不对齐的板材对接缝

立面显得凹凸有致，感觉很立体。

四边平直切边

自然面无缝墙

自然面切平拼块墙体

自然面四边平直拼成的墙面

四边平直切边

300~600mm
50mm

毛石外墙，墙外有花坛。

砖形长条蘑菇石

400mm
200mm

红色穿色的白色蘑菇石墙

两边割坎

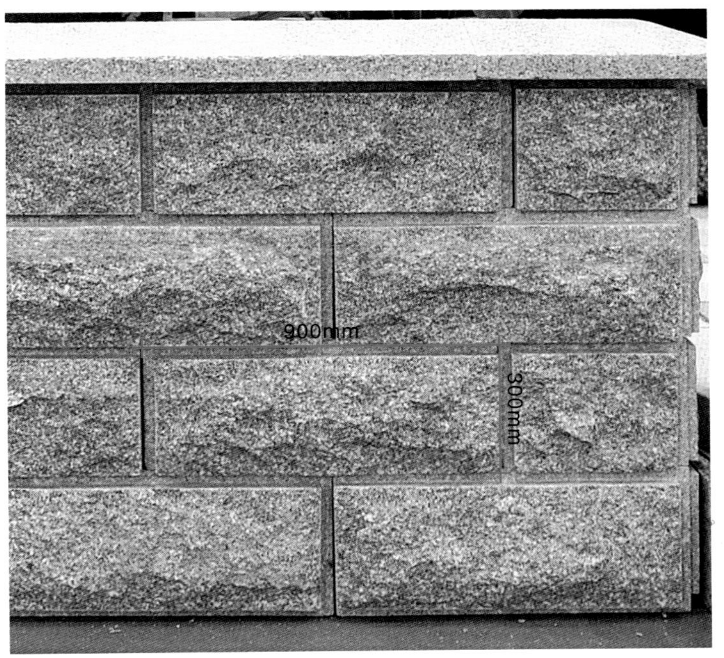

两边切坎的蘑菇石

墙面采用均匀块度拼接，两种色彩构成交替的色彩变化，感觉漂亮雅致！

两边切坎的蘑菇石墙体案例

工程装饰案例

墙基为蘑菇石，墙身为错开的磨光面石板。

比较常见的石材外墙，这些外墙基本上都是下面粗糙，上面为平整面对比，以线条来过渡！

块度长短及宽度大小变化的石墙

工程装饰案例

加工成毛边的墙

直边蘑菇石拼的立体感很强的立面

凹凸分节的墙面

大小均匀粗石条的垒叠

侧面效果

墙两头凸出，从墙基到墙面表面处理不断变化。

蘑菇石与磨光石结合

两色相间的墙面

石材的不同表面加工形成的墙面效果

粗面和毛面的宽缝组合

水洗的磨圆蘑菇墙

多层割线

两边开槽，面荔枝面的石块。

四面加工的石板

板块表面荔枝面加工，边为倒圆边。

荔枝面，方块圆形线边淡红色蘑菇石墙。

古典韵味的墙面

波浪墙

石块表面线条加工的墙体

传统檐式屋顶线条

条状线条

半圆形板面线条

古典墙面包含有线条、墙壁上板材、各种配套的窗户、门线条等。

平行板材与圆窗组合

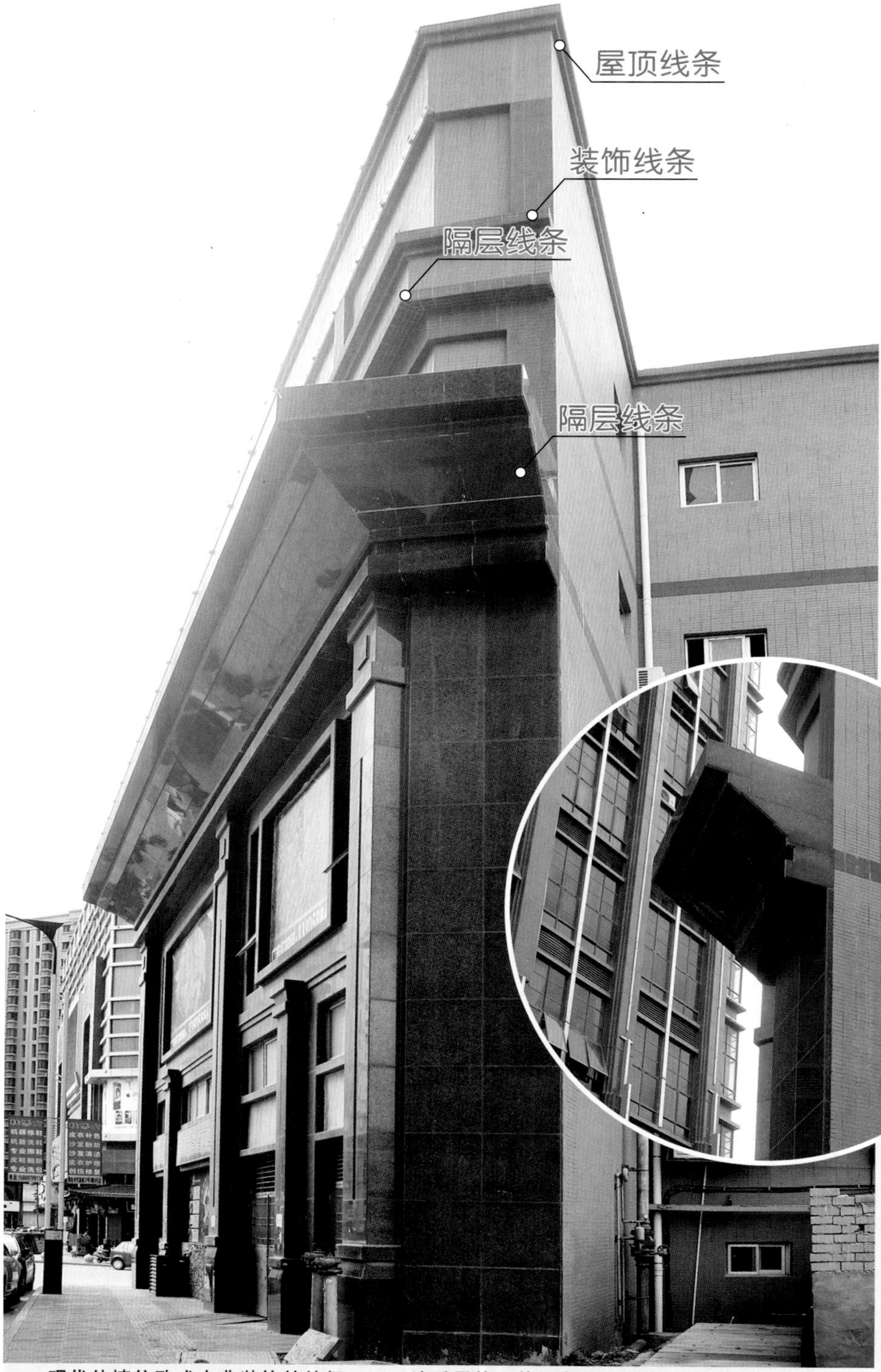

现代外墙仿欧式古典装饰的特征，一、注重风格，体现色彩，线条，表面处理为主。偶尔还有壁画的装饰体现；二、注重纹理的装饰；三、注重结构。

板材装饰的立面分解

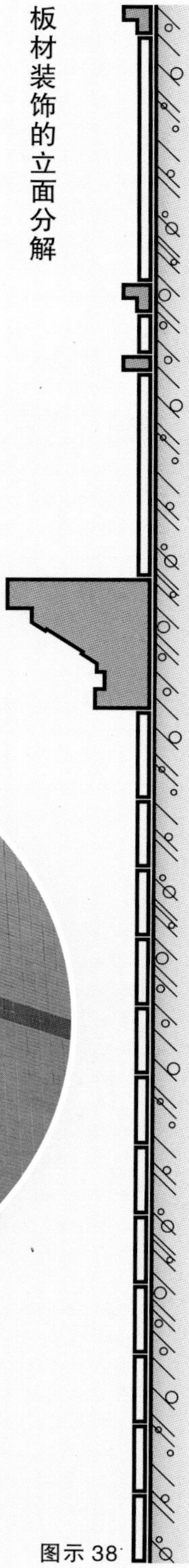

图示38

磨光仿古典式黄色花岗岩外墙，横向板材干挂装饰，罗马柱门套。

平行板材与圆窗组合

欧式古典装饰的墙

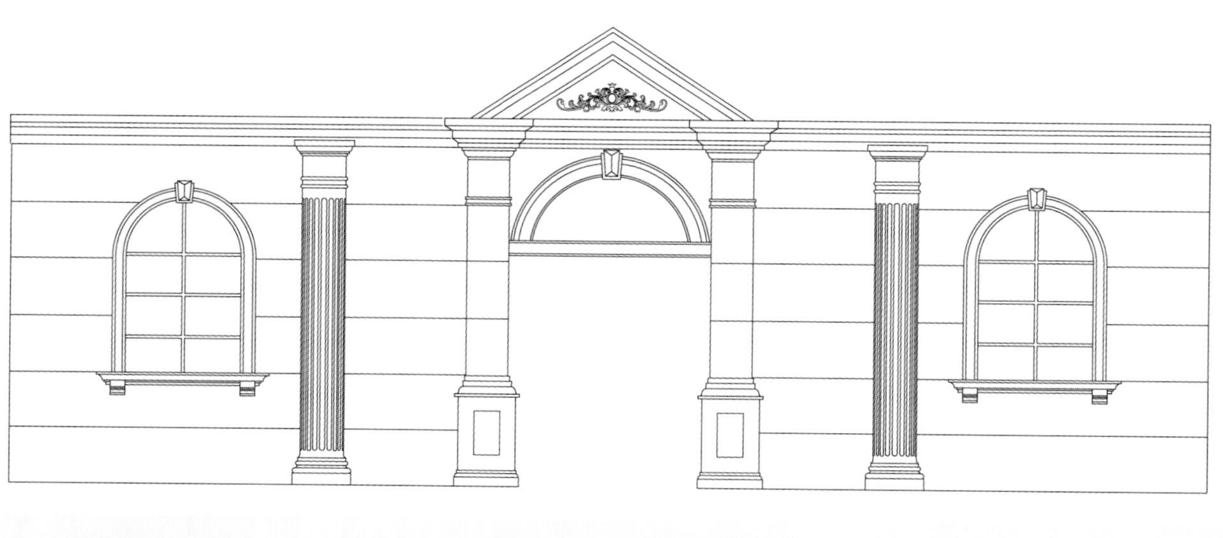

古典的墙面，平行大小规格递变的板材与欧式门组合的墙体。

半拱圆门，开屏式板材装饰。

半拱式墙面和半拱柱式大门，墙面板材与线条的组合方式。

平行板材与圆窗组合

墙面中部以玻璃窗户落地装饰，檐线外伸很突出，层次明显；两边柱采用雕刻板装饰，外凸立体。

荔枝面凸面石，拱圆式窗户与开屏式板材组合墙面，隔层采用几何纹样的线条。

窗钮
无窗户线条
罗马式门

平直窗户的简约式古典墙

平行板材与方窗组合

仿古立体墙面，门柱、线眉外凸于墙立面，构成立体感很强的建筑装饰。

仿古典式的建筑外墙，门、窗户线条凸出于墙面，构成立体的效果。

长条石块磊叠，门内凹，阳台外凸，多层线条装饰的隔层，形成层理丰富的立面。

方窗线条外凸，从墙基至屋顶线条多层，形成层次丰富的立面之美。

平行板材与方窗组合

宽厚的大板墙，缝隙很大。

传统墙壁与窗户的平板墙

落地窗户

仿欧式古典的外墙

欧式古典式栏杆和墙壁

欧式古典墙中的窗户构件

传统的立面

落地窗户

落地墙面长窗： 大型拱穹线条长窗。

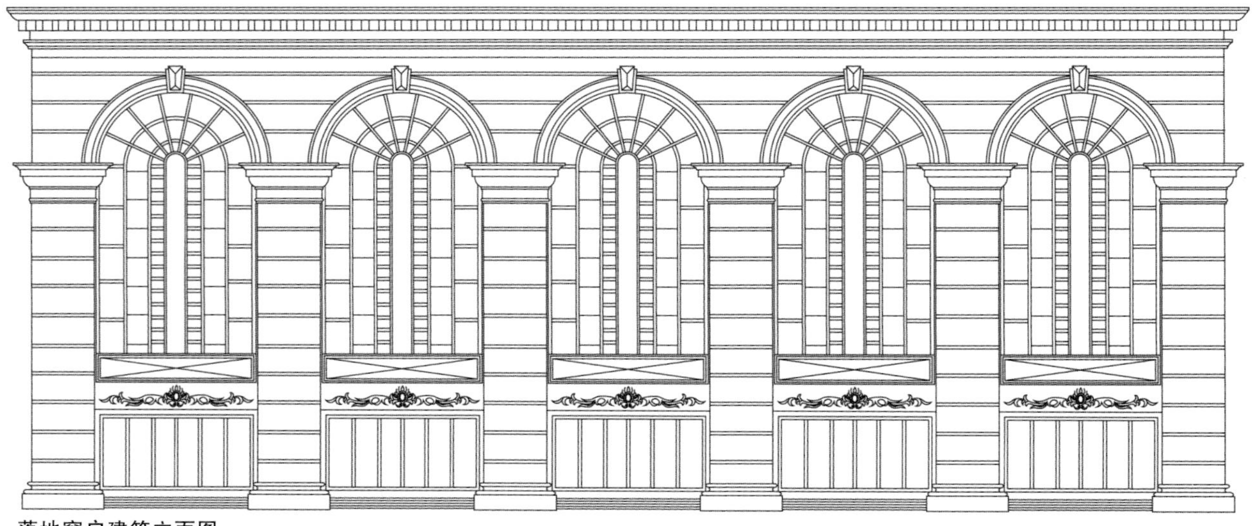

落地窗户建筑立面图

板材的分割方式采用欧式古典

落地长窗

落地窗户

长窗的墙

圆拱状一楼，短窗二层长玻璃幕。

柱式玻璃膜墙的装饰强调柱的装饰，这是多层的柱装饰。

长窗墙面

变新的古典墙面

连续长窗墙面

长窗墙面

长窗户从地面延伸到屋顶

长窗墙面

长窗墙面

古典中的长玻璃幕窗户

长窗

隔层的凸面板块、线条及异型的窗户线条等。

整个平面平整，窗户线条外凸。

墙壁按照墙面板装饰，每层均匀开设窗户。

拱券窗式墙面

全石幕的外墙，以窗户线条外凸为装饰特征，每一层装饰元素是一样的，形成整个高层立面叠加状况。

建筑剖面图，柱壁式外墙装饰。

柱壁装饰的外墙

柱为墙壁装饰性的功能，可以附在墙壁上，一般外凸于墙壁；另外一种方式就是悬空于墙壁。

古典柱壁墙

古典柱壁变化装饰的墙面

柱壁墙与拱形落地窗

四层高柱壁及长窗户，一层为巨石块和大方窗。

一层以长条石板与方形窗户，二层以上长柱壁和长窗组成。

柱壁装饰的外墙

建筑简练，纹饰装饰在柱头及门头上。

仿欧式古典，线条和纹样装饰比较多，四层分别采用不同的窗户变化装饰。

巴洛克风格的凹面柱，凸出墙面，更大地装饰了墙面的立体感。

拱门贴面柱和圆柱

副楼采用柱壁装饰，大规格墙面板材的表面粗面处理，与主楼柱廊形成对比。

柱壁墙的装饰侧面

柱壁装饰的外墙

玻璃幕和半圆罗马柱组成装饰的墙体

罗马式柱壁与圆弧形的落地玻璃窗

高耸的柱壁与落地长玻璃窗，纹饰装饰在柱头和屋檐上。

立体柱装饰和玻璃幕组合墙立面

落地长窗柱壁墙

柱壁装饰的外墙

罗马柱柱壁装饰，多层层理的隔层线条，层次感强、立体，建筑宏厚。

古典柱装饰壁墙，柱壁采用通体高罗马柱装饰，与长玻璃窗构成立面。

方形拼接古典柱装饰墙壁

仿欧式古典多层柱式

古典方柱式装饰的外墙

柱壁装饰的外墙

古典式柱和线檐，把建筑装饰得既古典又现代。

简化式的现代板材装饰方柱

外墙柱式林立的现代石材装饰，充满现代建筑色彩的多样化与线条凹凸的多样化，夸张的建筑柱，就是为了展示现代的装饰立体感。

装饰整齐的柱

门面采用凹槽柱和几何组合线条来装饰立面，柱及梁采用板块装饰。

壁画墙面

柱廊装饰的外墙

一排罗马柱，只是装饰着外墙的空间，把外墙装饰的空灵与庄重，没有在结构上对建筑起到更大的支撑作用（上海复旦大学光华楼后侧）。

现代仿古典欧式的建筑立面主要是用大量的柱式和线条来处理，层板、柱、窗户全部都是外装饰悬空。

欧式建筑三要素：柱、线条、壁画。加装的罗马柱门柱，基本上是起到装饰的作用。

柱式门头装饰

柱廊装饰的外墙

上为花式歇山，下为柱廊装饰。

一楼柱廊的裙楼，上海复旦大学。

屋顶采用柱廊，感觉有点危险和惊心动魄，上海复旦大学光华楼。

裙楼柱廊和楼身柱廊构成节节的层次感，上海复旦大学光华楼。

柱廊装饰的外墙

柱廊的外墙装饰

柱廊建筑

内含式柱廊装饰

柱廊外墙（门套）

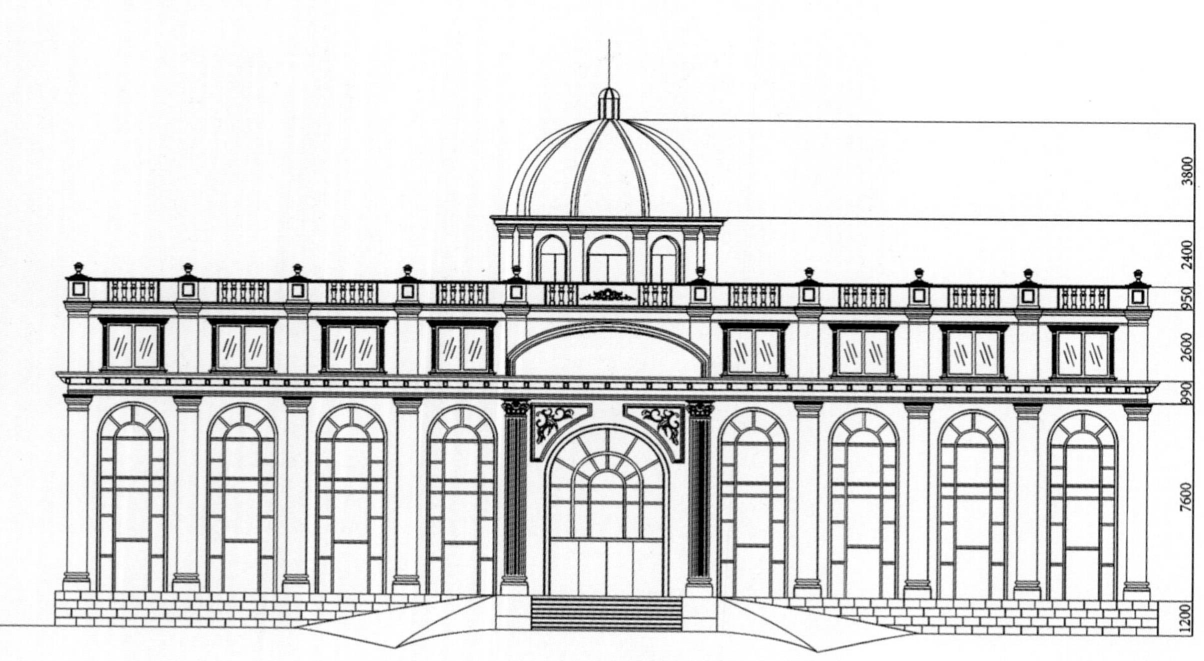

办公大楼主视图，台式圆柱廊落地长窗古典墙。

办公大楼背视图，古典方柱廊，落地长窗墙面。

楼裙装饰得很立体和突出，大落地窗户，外伸的线檐和壁画的柱壁，古典中西式元素装饰结合。

古典墙面装饰方式：门头式装饰。

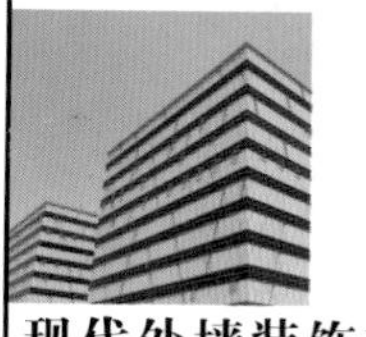

古典欧式墙面的装饰，上海原南京大戏院。

仿欧式建筑外墙，上海崇明岛。

外墙之外增加一层装饰

高楼主楼外延伸门头式建筑，平板装饰，现代几何线条很简洁的立面。

高楼楼裙装饰是以石板材装饰柱与梁，线条是倒三角形，柱体板材拼接简洁。

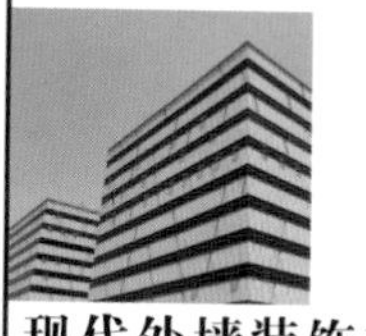

欧式门头装饰

裙楼按照对称拱穹门套在中央的重新排列的结构图案装饰，非原建筑结构装饰。

由下到上，外墙从直立到外延，简洁的几何形。

门拱式柱壁的暗门头

整个建筑外观石材装饰平滑，墙体外侧多一层斜立面，显得立体感很强。

蓝珍珠板材从地面到门头，到整个幕墙装饰，板块形体的大小在变化，铺设方向也变化，同类石材铺设、大小变化的装饰美感。

大面积的玻璃幕，石材门套镶嵌在其中，时尚而立体。

采用巴西金钻麻平板的装饰，墙面平滑，隔层线条细小凹陷把立面做的灵动。

欧式简易的门套装饰，凸缝的板材装饰墙面，屋檐简单的几何线板构成楼裙。

简化的欧式古典装饰全石幕外墙

墙裙、楼身采用板材及简洁的线条装饰。

用板材拼出错落有致立体的墙面

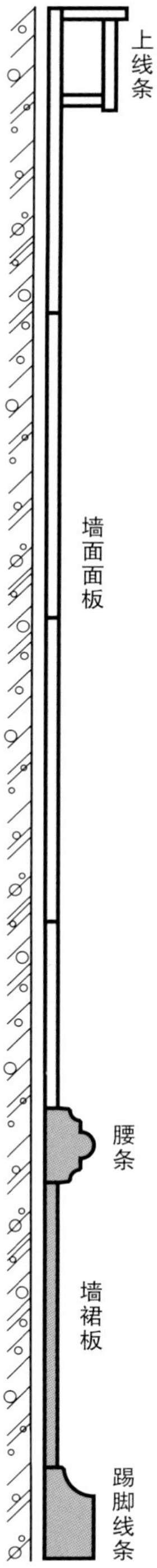

图示 39

简化的线条与板材组合装饰

采用古典石柱的分割方式，柱头采用线条装饰，柱身采用表面处理的板材。

大小块的变化很清晰，同时线条很清晰。

柱廊建筑，柱头设计很简易。

柱廊，柱由平板的西班牙红色花岗岩装饰。

新柱廊方式

柱廊建筑

多面装饰的柱廊建筑

柱廊建筑

大型柱式墙面，是按照中式的柱头装饰。

中式圆柱与线条及玻璃装饰立面

门当元素，外凸的外墙。

砖、石、玻璃多材质装饰的墙面，体现福建闽南地方特色的装饰。

具有闽南装饰元素的仿古典墙

壁画装饰的古典墙

暗灰色石材表面火烧处理，与深色玻璃幕墙及茶色铝合金组成古典色彩。

把建筑墙面做多次的凹凸变化来装饰，体现建筑的气度。上海外滩中国银行。

暗牌坊式的装饰门头，条状金属板的切式，把墙面装饰的如同条块很明显的墙面。

飞鸟装饰凹凸壁画

石头幕墙，纹样装饰，玻璃为采光窗户。

青铜纹样

粗面条石

墙壁上部装饰铜器纹样装饰的线条，下中部装饰两条粗面蘑菇石，体现新的装饰原理。

利用现代钢筋混凝土的建筑结构，石材直接安装在结构上，石板材可以在夸张或不规则的建筑结构中装饰。

墙裙荔枝面加工，隔层线条方向，窗线外凸立体感强。

全石幕平滑的外墙，墙面直立，无其他元素装饰。

全石幕，石板材顺着外墙波浪变化，简洁而有韵律。

柱全采用光滑板材装饰，无线条等。

整栋没有线条，光滑的建筑立面。

深色的花岗岩与浅红色的花岗岩石板材装饰墙面，用插色表现线条。

现代外墙装饰很简洁很有层次感，虽然没有了各种复杂的线条，但是感觉很流畅！

虽然没有复杂的线条和壁画装饰，但是有分割成为平面的装饰要素。

外墙很简洁，但里面的壁画却很精华。

建筑立面采用无线条和壁画传统的建造方式，这是由于现在有了干挂技术，如果在块状石时代，这么平的立面是很难处理的！

建筑外观不在是平直的直线

无线条等装饰的干挂法

汤显祖大剧院的建筑外观呈方块形式，显得方正而简洁。这种简洁的设计形式也许是为了表现丰富的戏剧内容。

无线条建筑立面，简洁。

平整的板材把建筑外墙装饰得如同箱柜一样方正，具有时代感。

平直的板材装饰的梁柱，平整直立。

酒店外墙是用巴西金钻麻花岗岩装饰的，外凸柱壁式装饰产生墙面的立体效果。

大面积的墙面采用平直的大板装饰，具有耸立整体美感。

局部玻璃幕

两色板材交替装饰的直立墙体

同种石材，用两种不同板材排列的面板装饰的墙面，玻璃幕只是窗户采用。

局部玻璃幕

平直的墙面，玻璃窗比较小。

利用立面曲直变化的原理，使装饰也达到预想效果。

石材与玻璃组成的幕墙

石材幕墙与玻璃幕交替装饰

外墙采用石材与玻璃，表面层理明显，没有线条应用。

石材和玻璃幕横向铺挂，把建筑外观装饰得清新亮丽。

石材幕墙与玻璃幕交替装饰

现代建筑外墙起到与室内装饰功能协调的组合，由于室内采用智能人工生态处理，所以，石材大面积装饰是为了封闭室内，部分采用玻璃幕墙是为了采光。

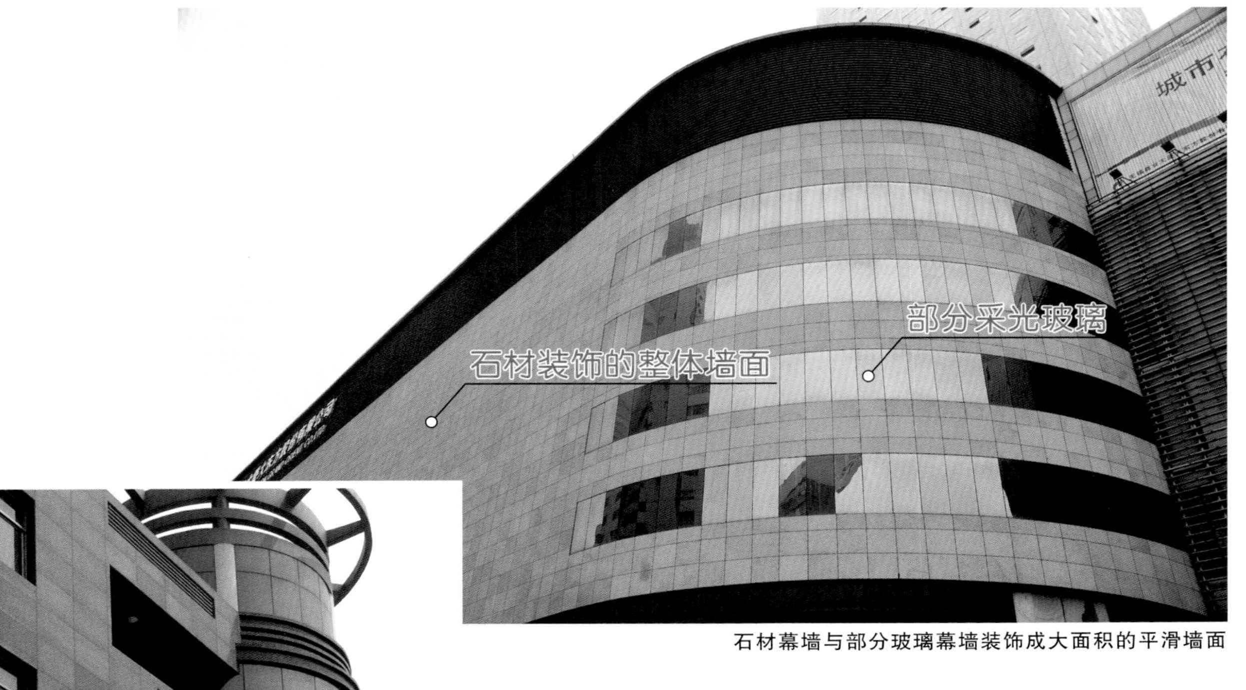

石材幕墙与部分玻璃幕墙装饰成大面积的平滑墙面

石材幕墙和玻璃幕墙的竖向铺设装饰

大面积玻璃幕

玻璃幕墙中局部采用石材装饰的幕墙

上下横梁装饰石材，其余全玻璃幕。

大面积玻璃幕

整个建筑立面边缘和顶部石材干挂装饰，中部大面积的玻璃幕墙，简约没有繁琐的线条和壁画等装饰。

柱采用石板材其余为玻璃幕

现代石材装饰，拐角用棕色石材与玻璃幕墙组合装饰的效果。

玻璃幕与柱状装饰的石板，构成墙面立体装饰。

从右到左不断变小的阑珊状墙面

柱和梁用石材装饰余用玻璃幕

拼板立体柱

隔层线板采用雕刻装饰和花岗岩柱壁组成的墙体效果

柱与梁上用石材装饰，其他全部采用玻璃幕装饰。

柱和梁用石材装饰余用玻璃幕

玻璃幕和中式柱结合的墙体

玻璃幕与方柱式装饰的外墙

楼裙石材古典柱式装饰，其余墙面玻璃幕。

柱和梁用石材装饰余用玻璃幕

石板材把柱和梁全部进行干挂，达到装饰整齐的效果。

立面采用长方窗与板材组合墙

石材与玻璃组成的幕墙

柱和梁用石材装饰余用玻璃幕

现代石材外墙装饰艺术，浅白色石材的应用。

建筑外墙把柱和梁全部都用石材来装饰，只留窗户部分用玻璃幕装饰。

柱和梁用石材装饰余用玻璃幕

墙面顺着建筑结构分割成格子状，石材装饰柱及横梁，遗留的空格装饰玻璃幕墙。

对建筑结构的柱和梁进行石材装饰，其余采用玻璃幕。

石材与玻璃组成的幕墙

柱和梁用石材装饰余用玻璃幕

建筑结构柱装饰石材，其余空间装饰玻璃幕墙。

柱和梁分别采用纹样装饰

新古典主义的装饰

柱和梁用石材装饰余用玻璃幕

宝石加工面的石材玻璃幕墙

玻璃幕与划块的石材形成方格状的外墙

现代建筑外墙设计成凹凸结构，轻易地把建筑外墙变得更有立体感和不规则效果。

柱和梁用石材装饰余用玻璃幕

整个柱和梁板全部采用平滑的火烧莆田锈石装饰，凹槽成为装饰线条。

立面整洁且突显立体感

现代最简约的建筑立面

柱为石材，梁为金属装饰，其余为玻璃幕

柱从下到上逐渐小，只有板的装饰，没有线条等。

玻璃幕底下的墙基线条是用黑色花岗岩

在建筑的立面中石材与金属的条块结合

柱为石材，梁为金属装饰，其余为玻璃幕

不锈钢半圆球装饰墙面

表面贴上金属片装饰的墙体

柱为石材，梁为金属装饰，其余为玻璃幕

柱：石板材装饰

梁：棕色金属装饰

柱采用石材装饰，梁采用棕色的金属板材料，其他墙面采用玻璃幕。

石材与金属等组合的墙面

柱为石材，梁为金属装饰，其余为玻璃幕

石材装饰的波折柱和金属网装饰的梁，其余墙面为玻璃做成时尚的外墙。

中国黑与金属的结合，创造出现代新颖的建筑立面。

铝塑板为隔层线板和石材结合的墙面

柱为石材，梁为金属装饰，其余为玻璃幕

金属隔条和玻璃幕墙的装饰

时尚的建筑装饰，棕色的金属和黄色的石材进行装饰，在结构上装饰石材，在墙幕上装饰石材。

柱用石板材干挂，墙面用玻璃幕，横梁隔层采用铝金属板波浪转折做成。

局部装饰金属线条

玻璃与板材交替组合装饰外墙立面

金属线条装饰的外墙

局部装饰金属线条

墙面板材分割

以金属材料、玻璃和花岗岩板材装饰的立面，很时尚，如同斑马纹的外墙装饰效果。

局部装饰金属线条

柱采用石板材干挂，隔两层采用金属装饰隔层板。

简约的欧式古典墙，楼身黄铜雕花的壁画，做成弧形的墙面，与简化的线条形成装饰美。

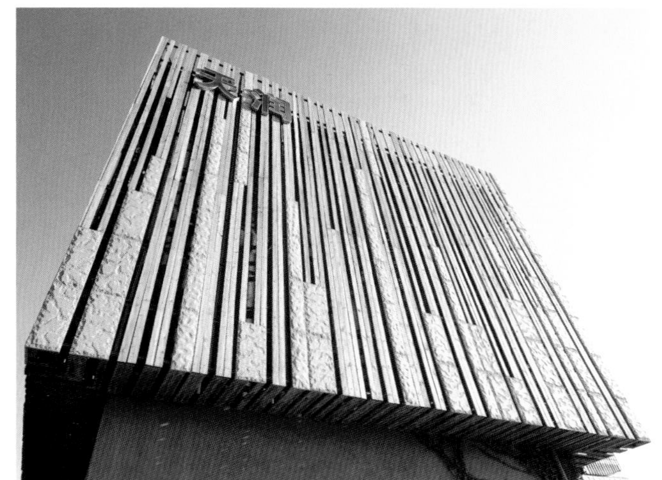
石材和木材组合的外墙

上海金茂大厦外墙装饰的金属网

金属抗风的装饰，上海金茂大厦外墙。

外墙凹凸变化的装饰

建筑外墙凹凸艺术的设计，由于现代建筑结构与石材干挂工艺的结合，可以把建筑外墙装饰成千姿百态的造型！

如同片状的外墙，感觉就像一朵花一样张开！干挂，让石材装饰有更多的丰富的想象力来克服重力产生的问题，立面不再是平行的板块与线条。

建筑的墙面用巨片石材装饰，立体片状靓丽。

凹凸墙面

凹凸外墙

凹凸立体墙

墙壁不再是单调的平面，利用板材厚薄度不同做成的凹凸面和割肌做成凹陷条纹。这些处理都是为了表现现代装饰的墙面变化。

波浪式的墙壁

竖立凸出装饰，柱式竖条大型块状装饰柱的玻璃幕墙。

体现设计之中的那些松散之美，空隙之美！

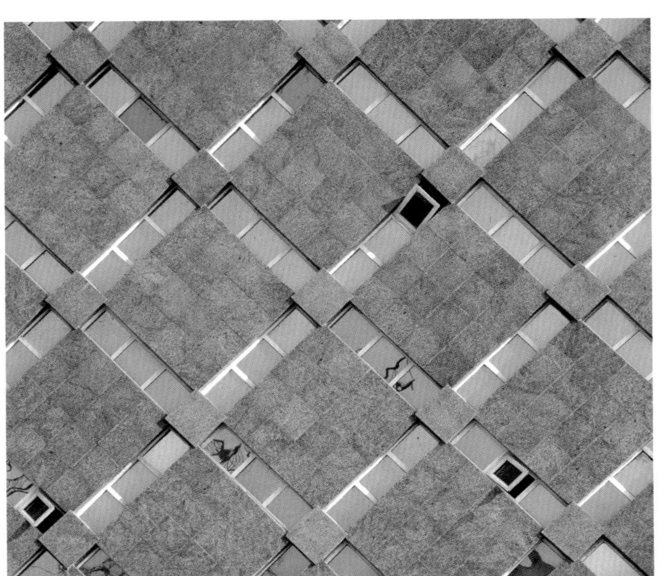

斜角的采光窗玻璃幕，板材干挂也是斜45° 角度。

建筑整体外墙是用石材与玻璃幕的凹凸装饰，形成简洁的立体效果。

建筑整体与蓝天背景形成有如此之美的意境

凹凸变化的墙面装饰

墙面是用贴板或者干挂形成的凹凸面效果

白木纹的横竖条纹装饰，有些板块做成凸出的效果。

青色花岗岩凹凸装饰的墙面

凹凸墙面

通过线条把立面层次变得很有层次感

建筑栏杆局部装饰的外观效果

石材采用凹凸的贴法，产生断续的分节感。

现代外墙利用干挂可以做成变化的墙面

凹凸墙面

墙基条片石有节奏感，墙身整体规格板装饰，上下对比。

瓦片式叠成的外墙立面

凹凸装饰的墙壁

壁龛式墙壁

凹凸装饰的立体墙壁

龙眼面表面加工，精致线条感觉整齐简洁。

不同处理的表面产生墙面的质感差异和层次感

线条上面部分采用光面板，下面部分用粗菠萝面的方式处理。

线条上面龙眼面，下面菠萝面，产生不同质感对比的效果。

线条以下采用水洗面

墙基是蘑菇石，墙面磨光的常用现代墙面装饰。

石材颜色、纹理较好的品种，墙面工程板及线条采用磨光处理，更显美观。

欧式线条标准墙

席状纹拼贴方式

斜角板材中插入小方石块，形成点状立体的装饰效果。

表面斜纹处理的墙壁

横条纹拉毛的墙壁

断纹面处理的墙面，丽江束河古镇。

弯曲的板材铺法，利用现代金属的柔韧性，作为装饰结构件，可以随意曲面，表面装饰石材，可以在空间制造和装饰上制造新意。

弯曲凹凸悬挂

马赛克可以铺成弯曲的

如同风旋转的立面，板材规格变化多样。

为了把缝隙成为墙壁的装饰元素，板材规格变化多样，因此，墙面活泼。

块度大小、铺设方向变化的墙面

采用菠萝面的表面加工方式来装饰墙体

房子墙角不是90° 的交角

横细条板材装饰的墙面

变形，无线条和立柱的新式建筑，所有的外墙全部采用平板干挂装饰。

不规则的外墙装饰

宝石棱面的变体墙

酒吧的墙头用黑色的石板材装饰成宝石切面产生几何面的立体感

菱角面采用间色的色彩，把建筑处理更加活泼!

这样几何面的建筑立面，代表现代的设计和施工能力!

扭动开叉的门口开口与建筑墙面采用张开形的设计方式，石板材显得干性与玻璃幕相映对比。

门口玻璃幕墙如同多切面的宝石，石材幕墙也是变化多样，建筑如同一颗精细切磨的巨型大宝石。

石材干挂的墙面与玻璃幕之间斜角交错，不是直角，体现建造的艺术美。

与地面接触的一个墙脚

像宝石切面一样形状的建筑外形，通过石材干挂的装饰，时尚而立体，整个墙面板材装饰，没有异型线条。

不规则的外墙装饰

墙面用规格变化的板材干挂出立体感的立面，外观变化极其美感。

一栋扭动几何形的建筑，墙面花岗岩板材安装的像鳞片一样，艺术感强（太原美术馆）。

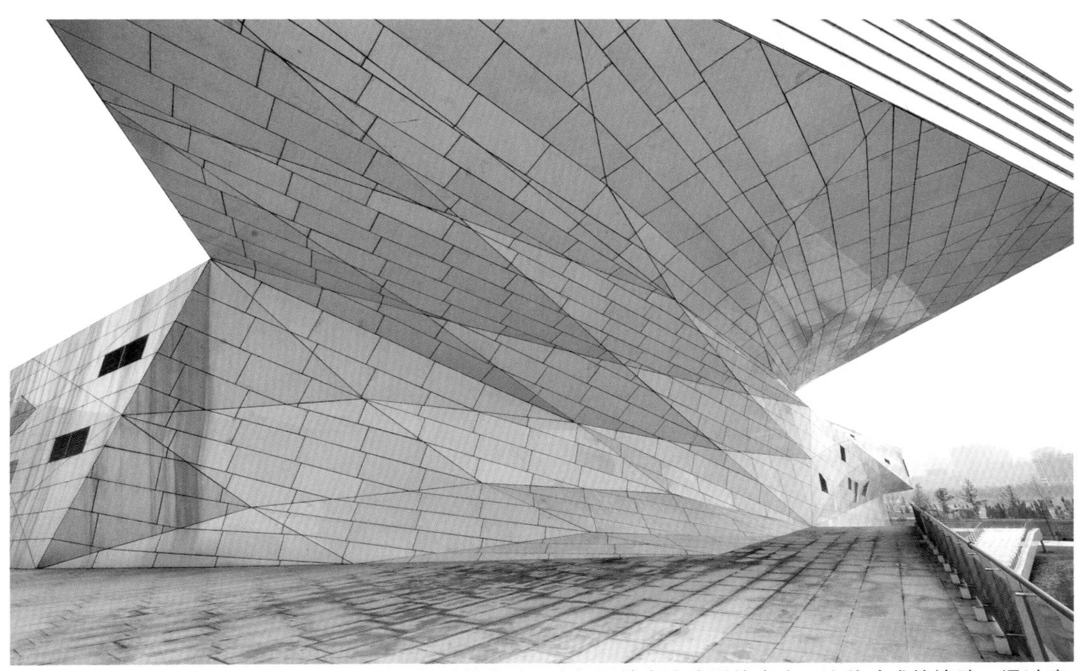

建筑墙面如同旋风卷过，如同开采不规则的岩壁，也如同被水流冲刷的痕迹。这种动感的墙壁，通过建筑结构与石材装饰来实现，墙面用各种几何形板材来拼装。

建筑外墙如同飞机机翼，奇特的外观给人一种想象力。

不规则的外墙装饰

黑色石材和玻璃幕的创意装饰，把建筑的外墙设计得很超想象和立体。

墙面石材幕墙和玻璃幕墙凹凸有致，产生很强的立体感和变化的节奏。

廊套式大楼的外墙装饰

下层部分墙体采用栅栏状柱条，其余采用玻璃幕墙。

竹编形式的外墙

建筑外墙没有采用线条，墙面之间斜交角

墙面采用不平整的折面装饰

建筑不再是四四方方的形状，多个非直角交接墙面。

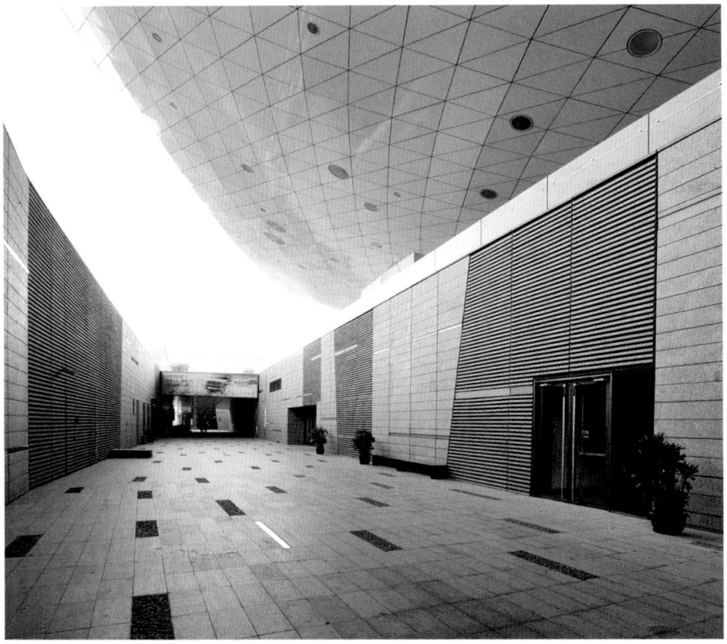

细条块的板材，装饰成时尚的外墙，这纯粹是装饰的美感。

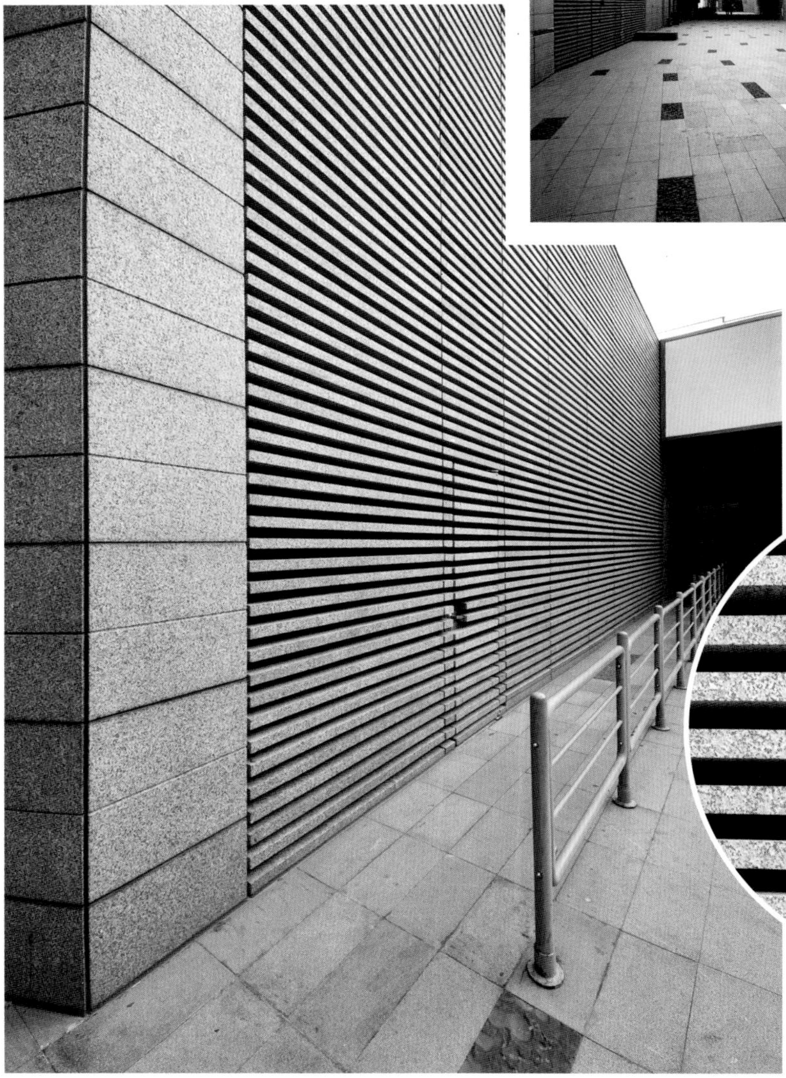

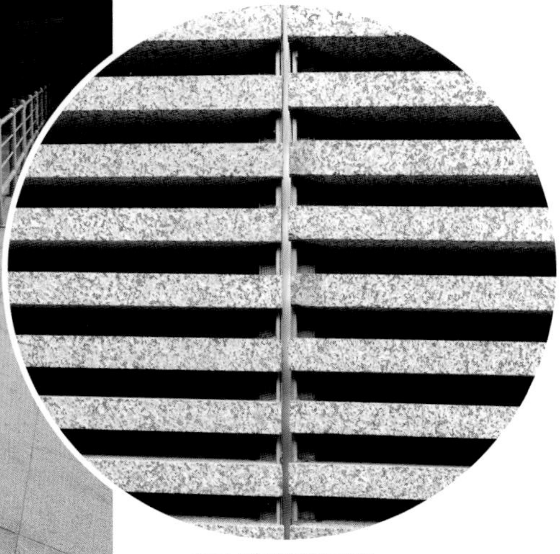

石材廊珊墙正面

时尚设计，石材廊珊墙，形式新颖，但是容易断裂。

建筑外墙也可以采用网格形线条来处理，富有创意地突显门面元素。

墙面错落感强

造型、色彩独特的外墙

建筑外观连绵连接结构的装饰

把古典窗棂格应用于建筑装饰

石板材装饰的墙体中插入一些磨砂玻璃，时尚。

别墅外墙采用石材装饰具有立体感，增强了建筑立面的层次感。别墅外墙利用石材的可加工性，创造了仿欧式古典的各种风格等等。尤其是现代材料，玻璃、金属等与石材的综合使用，建筑立面显得既古典又时尚。

别墅分：独立式别墅，连体式别墅。

中西结合古典式别墅

开放式欧式别墅

屋顶采用斜屋红色琉璃瓦，墙面采用平面板材，只有层间采用线条，线条勾勒出立体的建筑层次感，欧式栏杆装饰是本楼特色。

古典式门头、落地长窗及方形线条窗户装饰的连排别墅

中间高大门头，对称式的现代别墅装饰方式。

对称式，两边建筑古典装饰的别墅，线条和罗马柱很得体。

线沿都是采用直板的装饰，整个装饰比较平直、简洁。

线板采用凹凸板双层装饰，古典式柱装饰，有城堡的厚重韵味。

墙面平板装饰，屋顶采用厚重栏板和线条装饰，整个墙壁装饰比较厚重。

平顶三层别墅，无柱整个墙面平滑，窗沿和隔层有线条装饰，欧式栏杆成为很突出的装饰元素，整个建筑感觉厚重。

墙面板材贴面装饰，屋顶线条环绕，建筑体量比较饱满。

侧面加入一个拱券高门洞来衬托建筑高耸，开侧门，以欧式栏杆、窗户元素来突出建筑的立面。

别墅外墙下为蘑菇石，上为稍微扫磨的砂岩（有点粉色质感），线条应用完整，长窗户装饰。

古典式互连别墅

檀宫，拱穹柱式门头，落地长窗，柱壁装饰。

叠块石柱式门头及柱式装饰，古典纹样装饰丰富，立体感强、宏厚！

大型连体别墅建筑，顶楼半圆柱维多利亚风格，递进式建筑连体。

柱壁装饰、线条丰富。

罗马柱式门头，一层宽缝板材面装饰，二层、三层细缝装饰，窗户线条、阳台、隔层线檐外凸装饰，装饰纹样丰富。

正面中间开门，左侧厢房突出，不对称的建筑。

八字厢房的别墅一侧

建筑南面：一楼没开门，二、三楼阳台层状栏杆很整齐，一楼采用大宽度的板材装饰。

建筑东面及南面，正门在东面，高门头，气派，大门两边的墙壁分别采用高窗户和柱壁的装饰。

别墅西面

南面中间为正门，一层为高挑层，外部以柱廊阳台是建筑，这样的一楼主要为客厅或者建筑的主要办事厅，二楼为对称双阳台，三楼不断收紧楼身，但保留户外阳台。

西立面为不断收身的建筑，阳台保留每层都有，体现主人喜欢休闲的建筑理念。

东面和北面立面，后阳台及双楼梯。

台基式大门头对称栏杆层式建筑立面

把欧式古典元素都用尽的现代大型别墅建筑

檐线、门钮、分割线丰富的墙面。

栏杆、线条丰富。

檐条外伸

门柱式别墅，一楼凸面石、圆拱柱廊建筑，二楼以上柱壁配合方形长窗，屋檐出挑，墙面花纹装饰。

两层半楼高，一楼以凸面石装饰门套，隔层线板雕花，二楼以上墙面平板，屋檐线板出挑，窗户线条立体。

一楼采用横向板条装饰墙面，柱式装饰门及门廊二楼以上以线条式的长窗及处伸阳台装饰。

一层采用外伸柱式门头建造，墙面长板条，圆拱门，均装饰柱，二层以上平板装饰墙面，门套、窗户、屋檐、线条装饰丰富。

联排别墅

联排别墅外墙立面

民居建筑案例：

建筑正门采用中式的对联柱及中式构件元素的民居大楼

别墅建筑西立面：阳台、楼梯（拱形墙面）、平直窗户。

别墅建筑东立面，另开设观景休闲阳台，及进楼门道，把建筑建的更加灵活。

纹饰柱装饰

光滑墙面

叠石柱门

外凸缝

古典条块石凹形线板别墅

古典条块石凹形线板别墅

开侧门柱饰别墅

欧式古典奢华别墅外观

中间方门横板装饰墙

中间一层大门头

中间大门通到两层，对称长窗，三层歇山墙装饰。

不对称大门，边部装饰壁画。

欧式古典奢华别墅外观

欧式古典柱的装饰成为该栋别墅的特色

大量柱式装饰二楼以上墙壁，是该栋别墅最大的装饰特色。

欧式古典奢华别墅外观

简化欧式，门线、窗线简练，隔层、屋顶线条层次清晰。

精美雕刻的柱头和屋檐下装饰，及二楼及三楼栏杆丰富的雕刻加工，该栋建筑饱满富丽。

欧式古典奢华别墅外观

双楼式柱壁墙

封闭式石材长窗幕墙

台基式，罗马柱门头，柱壁石材玻璃组合墙。

线板纹样雕刻及柱式玻璃幕外墙

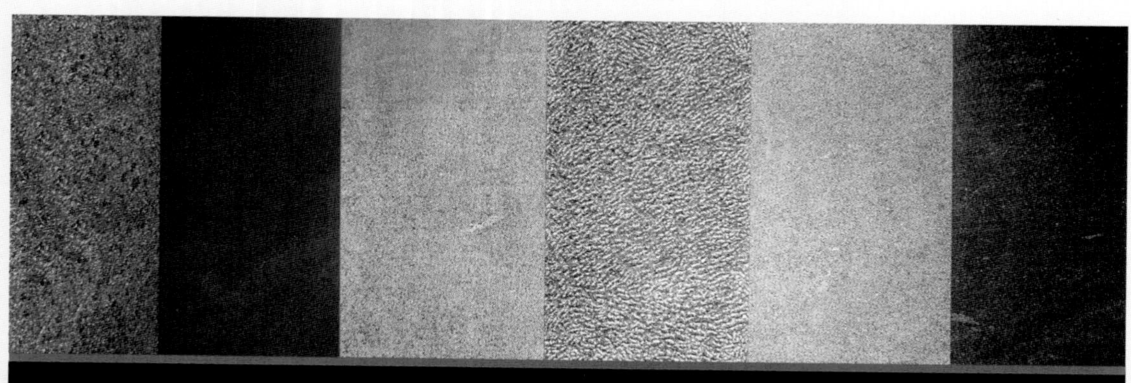

黑色玄武岩石材表面处理

黑色玄武岩石由于颜色比较深，所以表面工艺处理之后就会有很多比较好的效果。

同一材料，由于不同的表面处理产生质感的差异，不但有粗粗糙的对比，而且有平面平滑和凹凸的对比。

磨光面

自然面

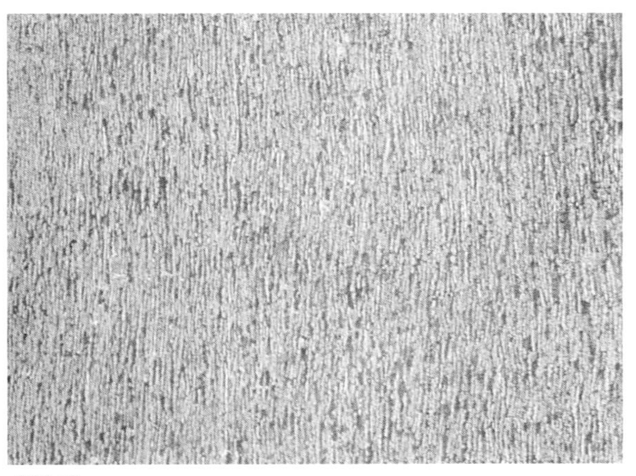
龙眼面

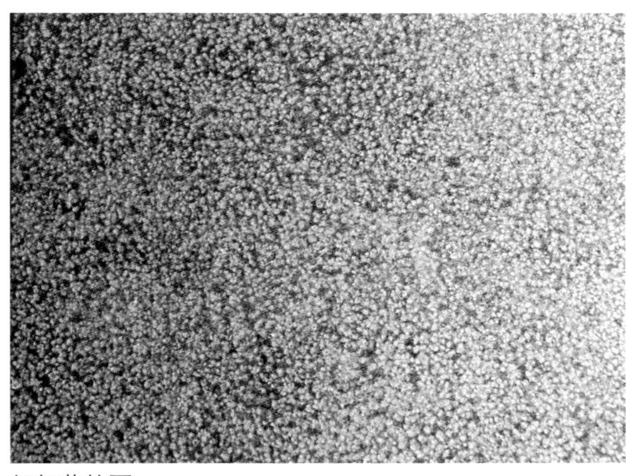
机打荔枝面

细菠萝面

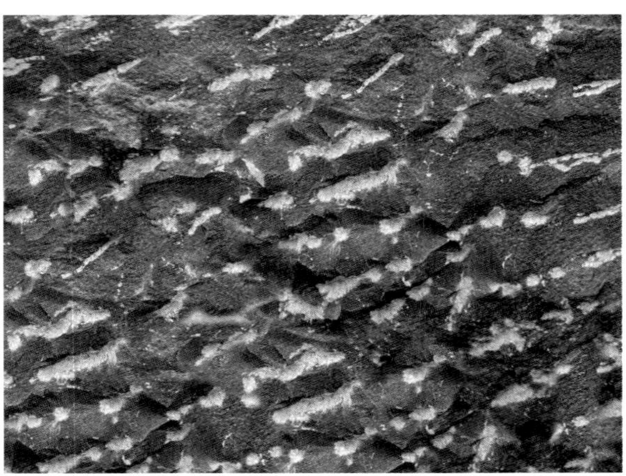
粗菠萝面

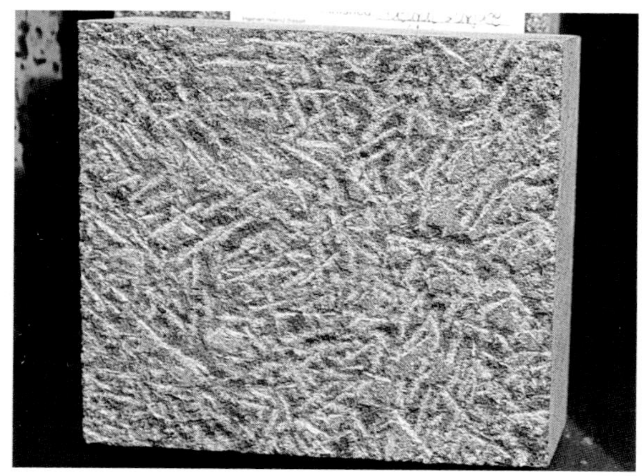
雪花面

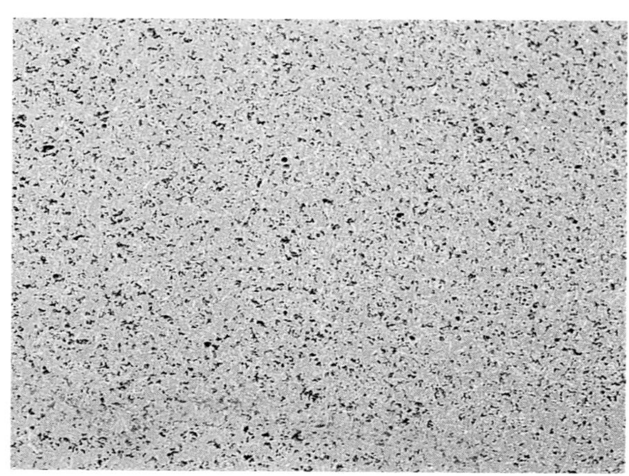
火烧面

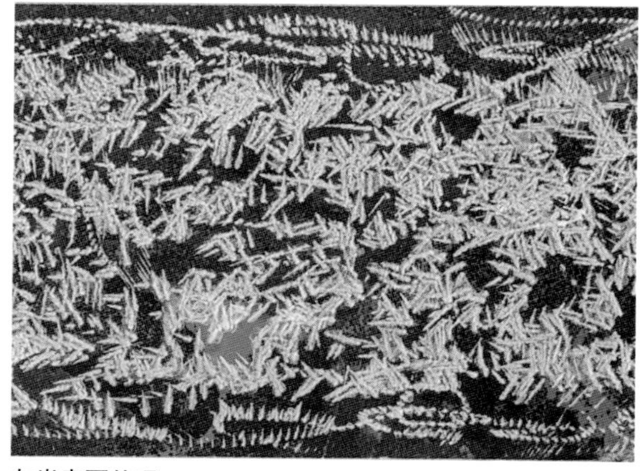
灰岩表面处理

亚光面

布纹面

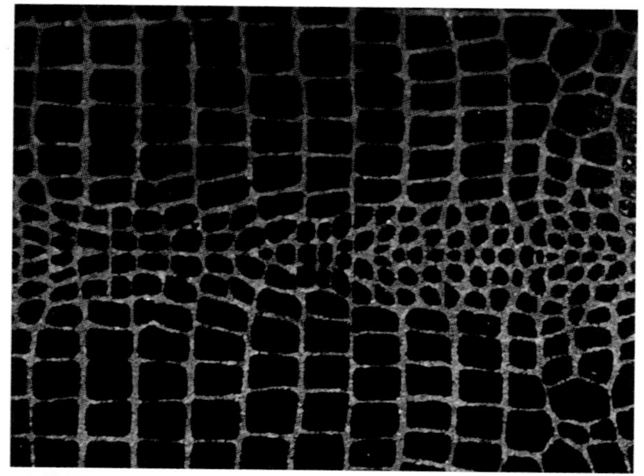
皮革面

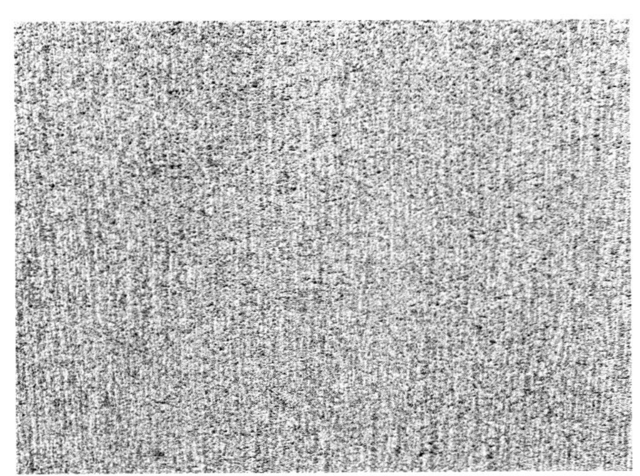

细毛面

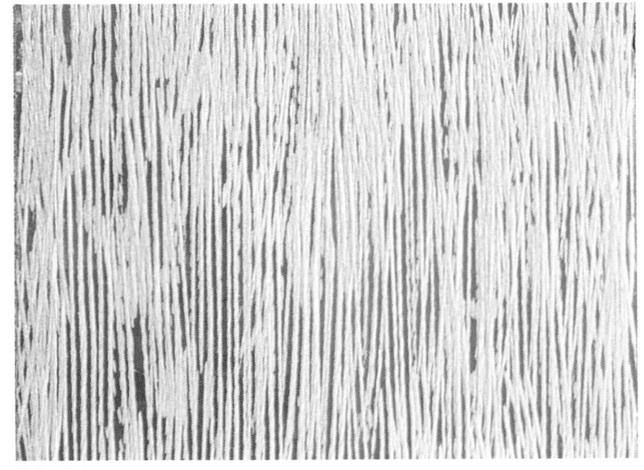

秋雨面

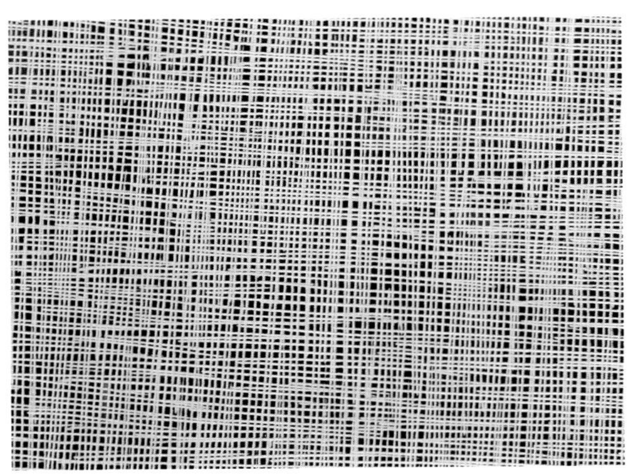

布面

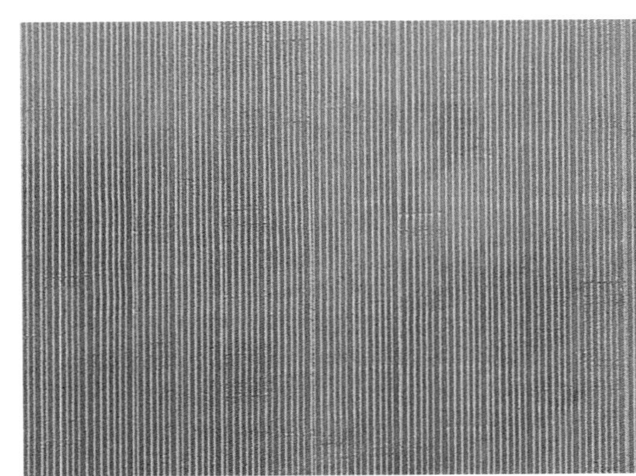

春雨

细平刨

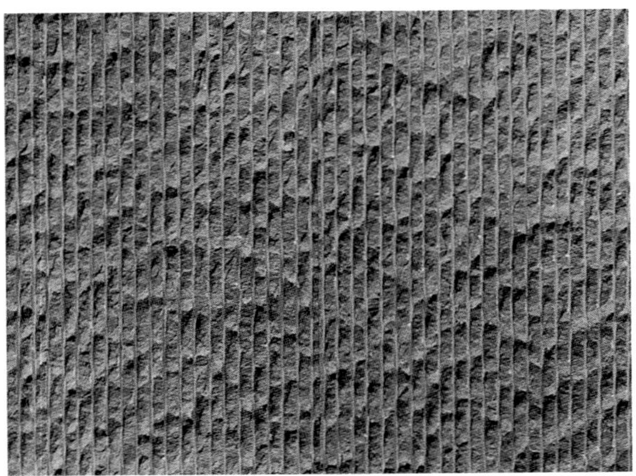

机刨

随意拉毛面

火烧+拉沟

拉毛粗面

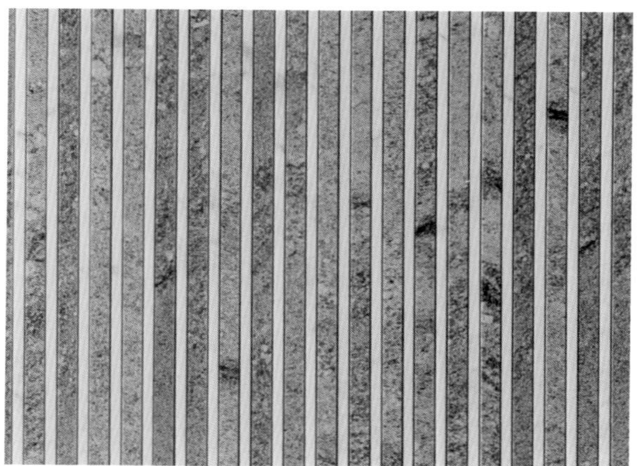
宽条拉毛

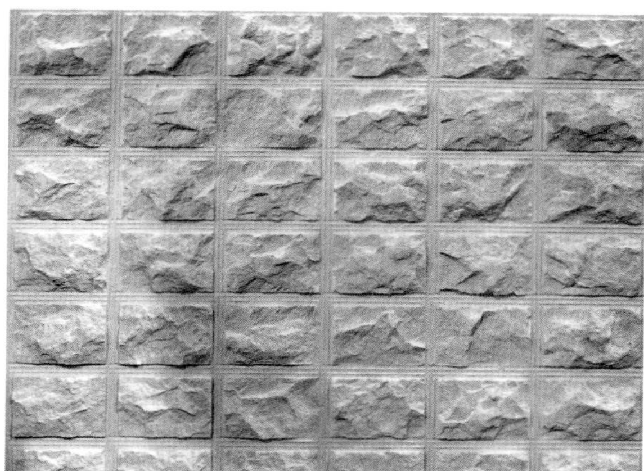
隔缝粗面石

大凹凸的表面处理的防滑条

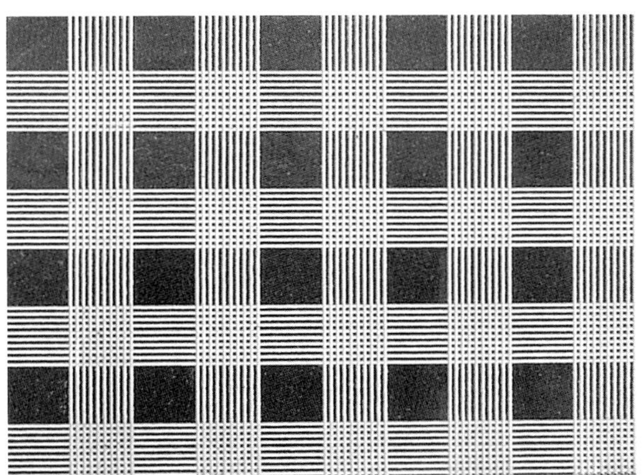
交叉平面处理

蠕虫状腐蚀面

起伏拉毛

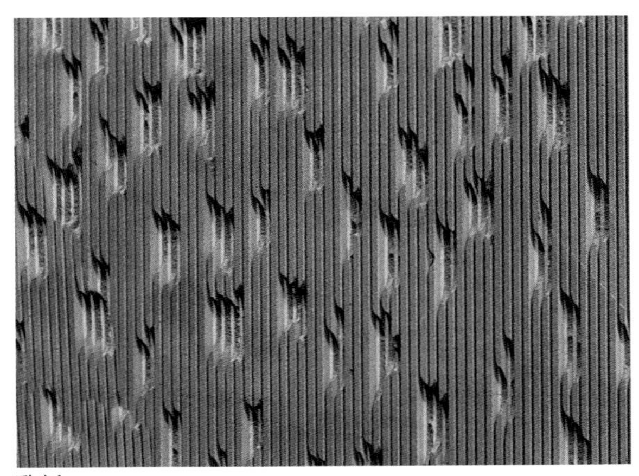
乱刨

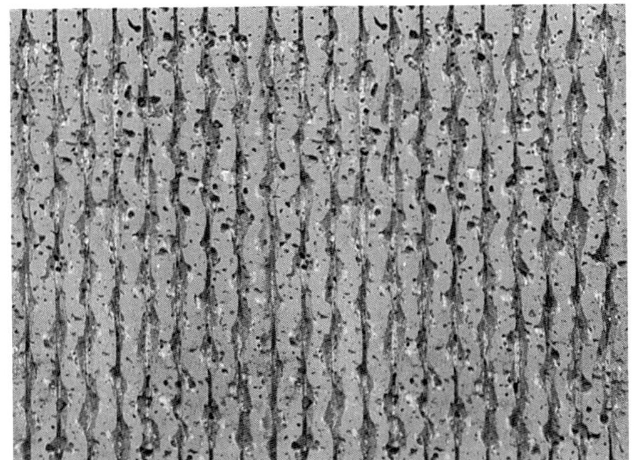
亚光玄武岩拉弯沟处理

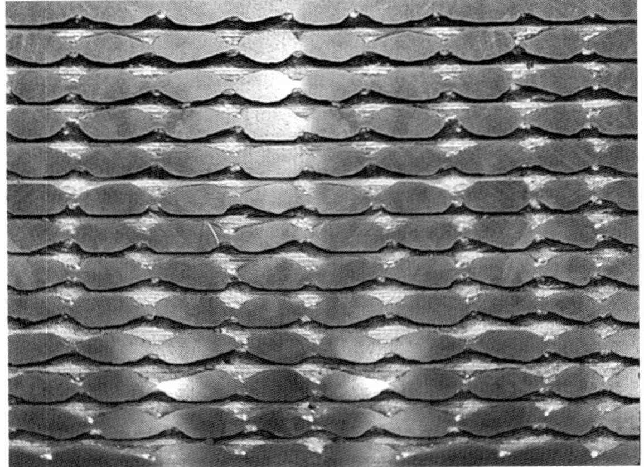
磨光玄武岩拉弯沟处理

传统纹样的处理

鼓球形表面处理

雕刻纹

波浪线

喷砂处理

发泡形曲边形

300mm×600mm和100mm×300mm组成的墙面

暗褐色玄武岩机切边发泡墙

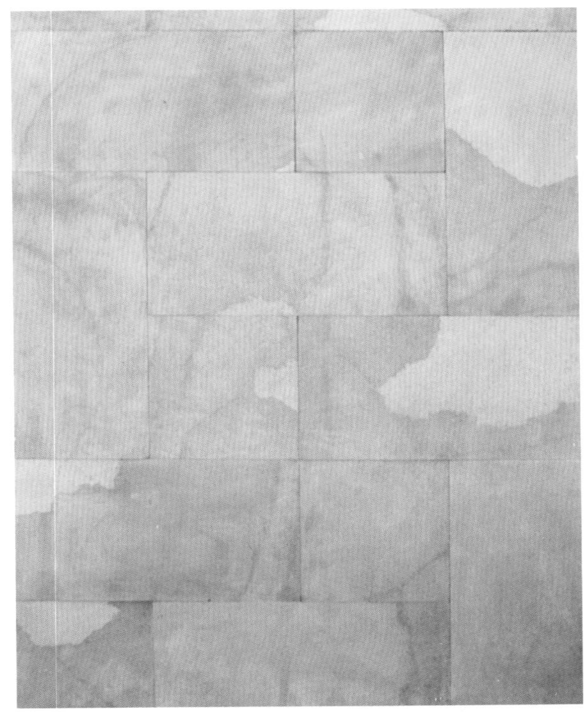

300mm×300mm和300mm×600mm组成的墙面

玄武岩表面处理

光面和自然面变化的凹凸线条形成的活泼墙面，规格以300mm×600mm为主。

孔洞暗黑色玄武岩，古朴的墙体，规格300mm×300mm，150mm×300mm和300mm×600mm组成的墙面。

凹凸错动的板材，黑色的色彩形成神秘的空间感觉。

立体变化的墙感觉很有层次感

条板凹凸面，规格以100mm×300mm和 200mm× 300mm和300mm×300mm组成变化的墙体。

玄武岩装饰的毛面墙壁

前后错动，凹凸宏厚的立面墙，以规格300mm×300mm、300mm×200mm、300mm×100mm搭配。

墙基200mm×100mm砖形自然面，墙面200mm×50mm亚光板条组成的建筑墙面案例。

黑色磨光的石材装饰的外墙总是很凝重和高贵

造型奇特的建筑变化体

黑色玄武岩和现代感很强的金属及玻璃材料组合的幕墙，具有很强的时尚感。

平直面的黑色玄武岩装饰墙体

玄武岩的表面处理墙壁

砂岩——会呼吸的装饰材料

砂岩质感：暗淡柔和的吸光质感，粗糙而有纹理，这是砂岩的主要特征！

国内市场：进口类的有澳洲砂岩、法国砂岩、西班牙砂岩（颗粒状），主要以黄色为主。国产的砂岩，颜色多样，各种颜色基本上都有，有黄色、红色、浅白色、紫色的等。深黄细腻的以云南砂岩为主、山西砂岩比较粗和干燥、四川的砂岩也比较细腻，山东砂岩种类也不少，主要以黄色类为主。砂岩由于结构比较松软，所以一般应用在小区别墅外墙装饰中，这些材料能够起到点缀的作用，且对低矮的建筑也不用担心石头干挂之后的跌落。

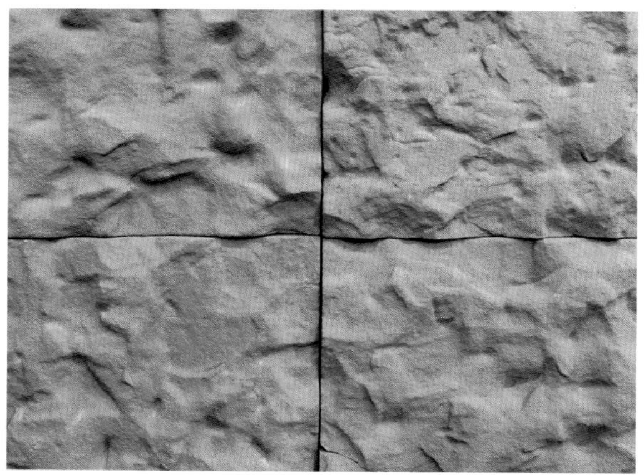

粗糙面（自然面）

亚光面

荔枝面

火烧面

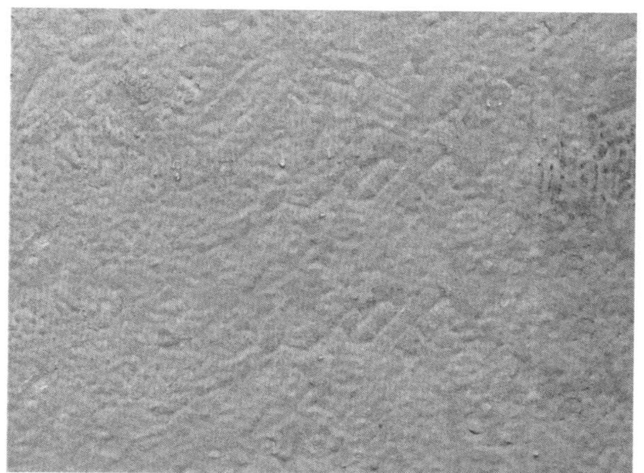

仿古面

拉毛面

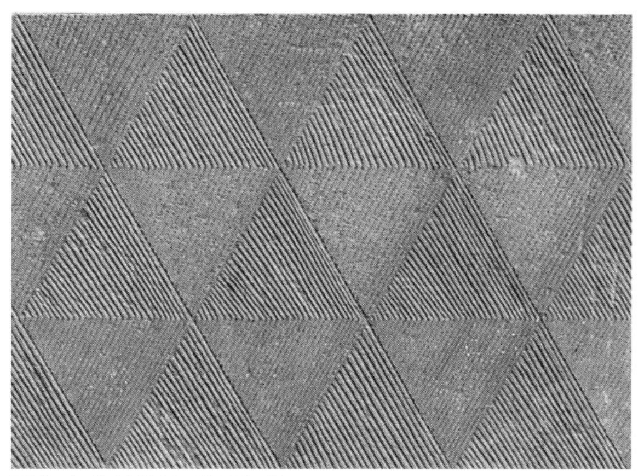
两种方式斜格拉毛面处理

刻花表面处理

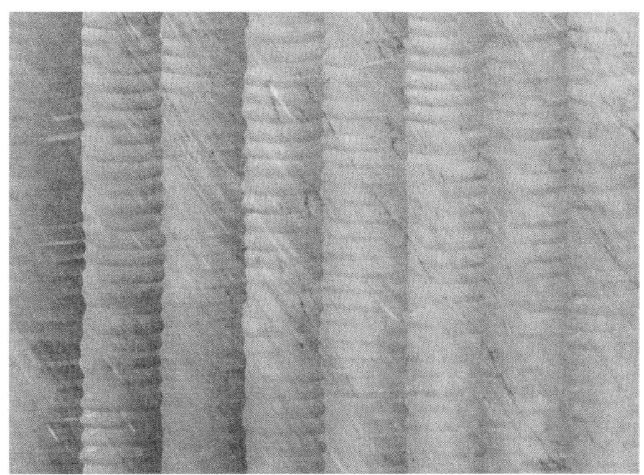
浪纹面表面处理

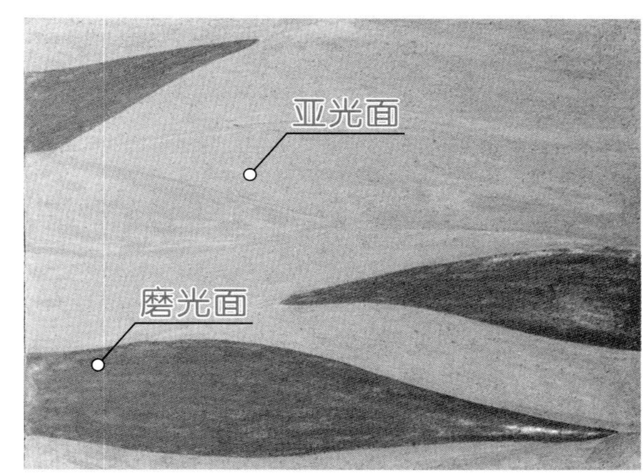

两种对比的表面处理

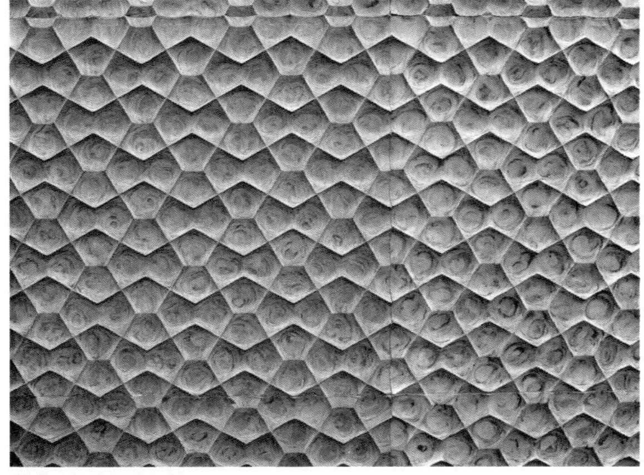
几何凹凸面处理

山峰纹表面处理

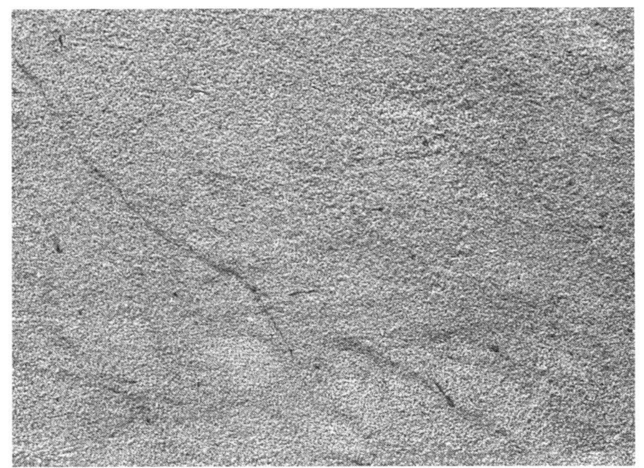

高压水洗面

哑光面均匀割槽

磨光面

毛面割槽

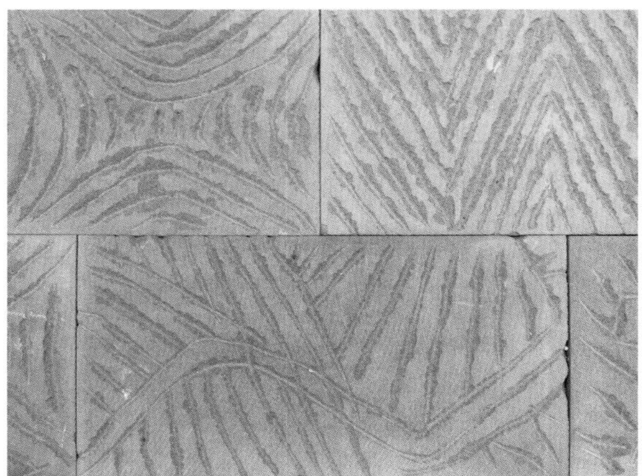

刻乱纹处理

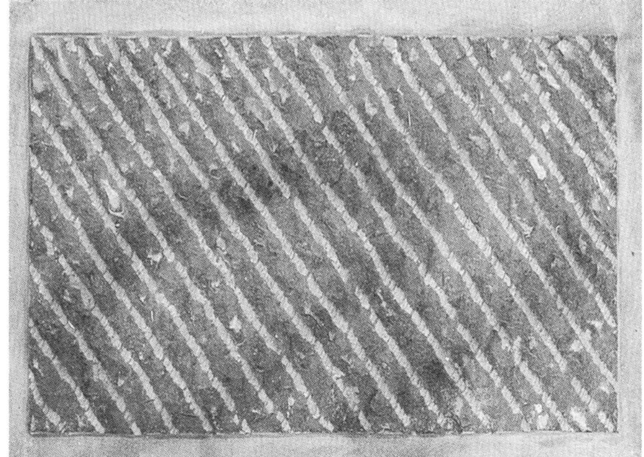

曲线拉毛

砂岩的自然面以条形为主的拼块

自然面拼块

600mm×600mm心形对纹

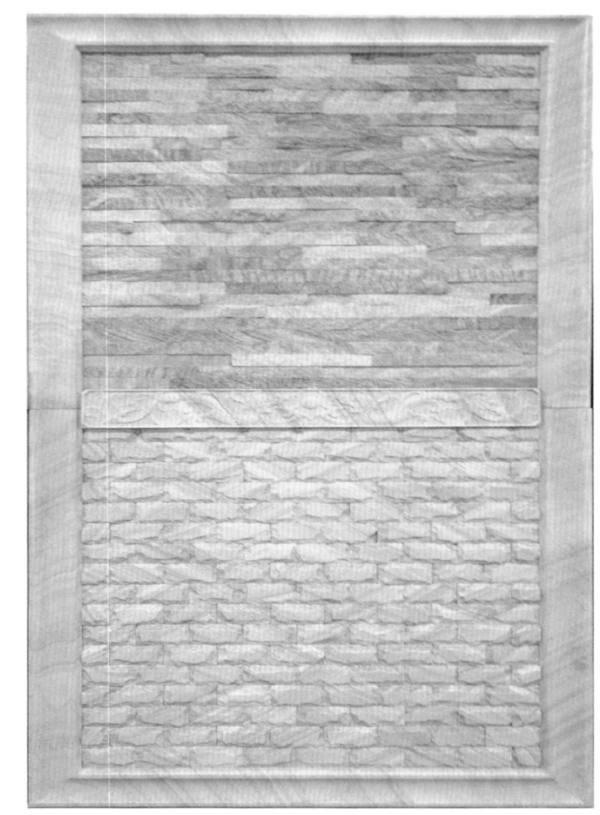
条板（100mm×50mm规格）表面机切面和剥落面组合。

由于砂岩硬度较低，耐风化相对较低，所以，砂岩通常被装饰在行人相对较少的建筑环境之中，尤其是别墅群的外墙装饰。一是，砂岩的色泽古朴、温润、具有微孔洞的透气感，装饰在外墙感觉别致、时尚。二是，装饰在这样的建筑上，受外部破坏的可能比较少，还有整个周边的美化也容易得到整体的处理，达到协调的美感。

倒边的长条黄砂岩磨光墙面，金黄雅致。

磨平的板材错位挂贴，腰线和窗沿采用扁圆形线条装饰。

菠萝面200mm×400mm的板材拼成的墙面

紫色砂岩装饰古典式墙面

墙壁局部

亚光面大板和细条的组合墙面石

古典砂岩墙壁

粗糙、平滑的墙面，凹凸线条的窗户。

蘑菇面和磨光面的组合，平行对缝。

蘑菇面和磨光面的组合，交错对缝。

蘑菇面和磨光面的组合，纵横对缝。

紫色砂岩磨光面，具有内敛的中国古典色调韵味。

间色的绿砂岩毛石墙，宁静淡雅。

黄砂岩不同的表面处理装饰的墙壁，具有很强的对比性。

不规则形毛面黄砂岩拼接的墙面，展示了砂岩装饰古朴、随意、浪漫的材质气质。

错对缝的砂岩板装饰墙面

金黄色砂岩装饰的墙面

砂岩砖垒叠的墙体，具有古朴厚重感。

纹理丰富的山西砂岩装饰的墙基，如同秋意的画面。

砂岩贴面装饰的门头

斑驳和平板的黄色砂岩

色彩变化的墙面组合

葡萄牙砂岩，无缝、无线条、无壁画，只有中间三条200mm的细分割线。

采用古典式的墙面装饰，线条、异型板，墙面立体感强。

板材大小相间的装饰，窗户采用白色花岗岩装饰。

上半墙身线条装饰长窗户和隔层线沿，墙壁一层采用砂岩和半圆形窗户装饰。

土耳其白砂装饰的墙面，平滑如刀切，体现了时尚的特质。

采用土耳其白砂装饰的外墙，平滑、简约、时尚。

古典建筑的外墙，装饰砂岩，古朴、宏厚!

砂岩在建筑墙面一楼铺贴，墙体上部采用油漆涂面，形成粗糙和光亮的对比。

砂岩装饰别墅外墙，具有维多利亚的装饰风格，从上到下：屋檐、墙柱、隔层线条、墙体全部采用砂岩装饰。

独栋别墅，砂岩装饰在楼体下半部，板材铺设宽窄相间，线条装饰窗户，栏杆下沿，排气口，勾勒的墙面立体感很强。

砂岩裙楼装饰斑驳与墙体上部光滑的黄色外墙漆装饰形成粗糙与光面的质感对比

装饰壁画的墙面，在线条的处理下层次分明和画意突出。

几何直线的线条、窗户，体现了建筑的风格，砂岩的自然肌理和人造材料的屋顶组合，使建筑充满野性和稳重。

环境对砂岩装饰的外墙起到很好的衬托，采用古典拼块方式装饰。

大理石的表面处理

大理石很重要的一个特性就是成分是碳酸盐，容易起到化学反应，所以，大理石的表面处理中两个方法很常用：

1. 化学处理，采用盐酸腐蚀之后，再采用仿古刷处理，可以突出大理石的表面古朴和肌理质感。

2. 仿古刷处理，由于硬度比较低，比较软，通常在3~5之间（除变质之外），采用仿古刷处理表面有油性感。

3. 水冲洗，利用现代高压的水喷设备，喷水之后，板材表面会出现风化的粗糙感。

亚光面

荔枝面

拉毛面

斧剁面

粗菠萝面

拉毛面

磨光面

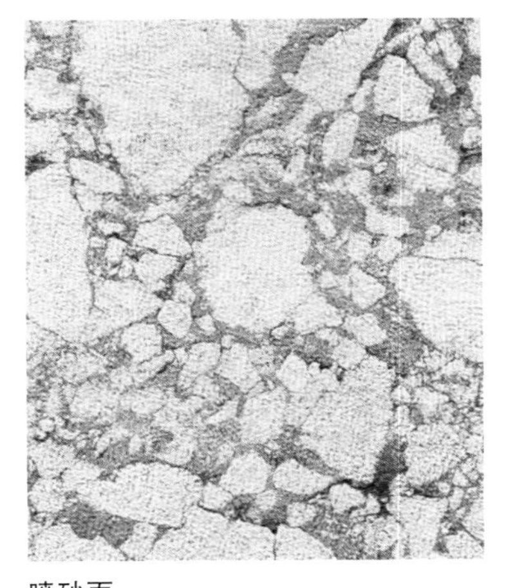
喷砂面

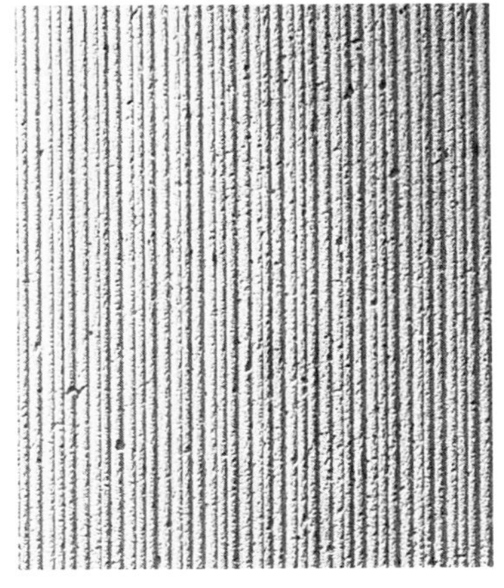
白沙拉毛面

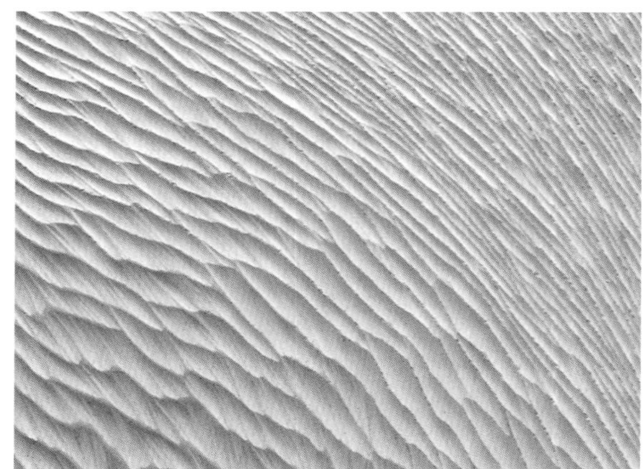
秋雨面

秋风吹浪面

仿古面-1

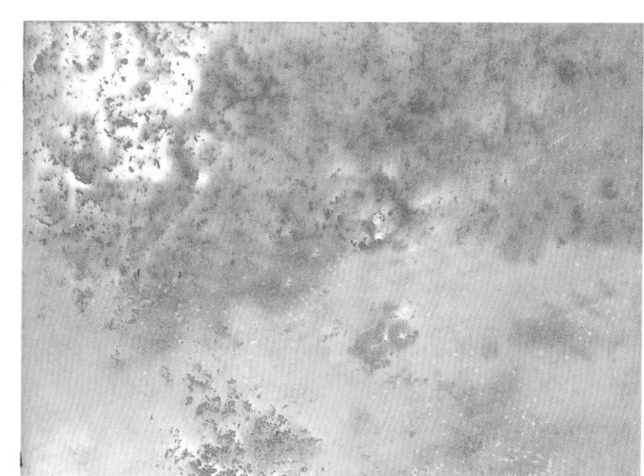
仿古面-2

起伏面

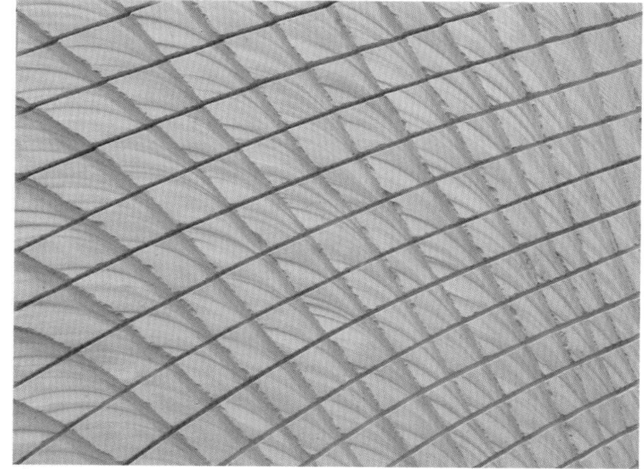
扇面

荒料皮中的开裂面与竖孔，可用于外墙装饰。

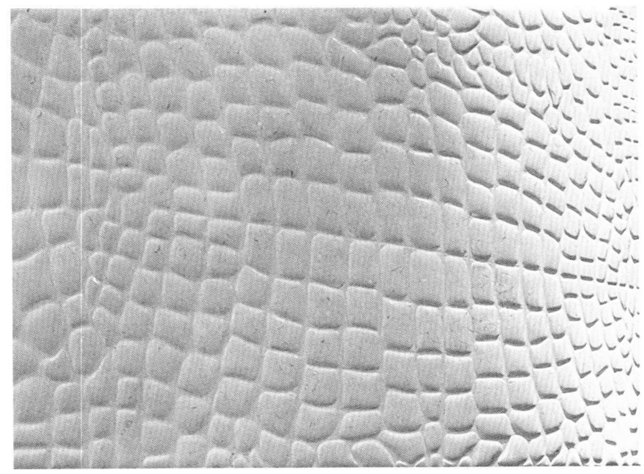
皮革面

仿古面

雕刻纹

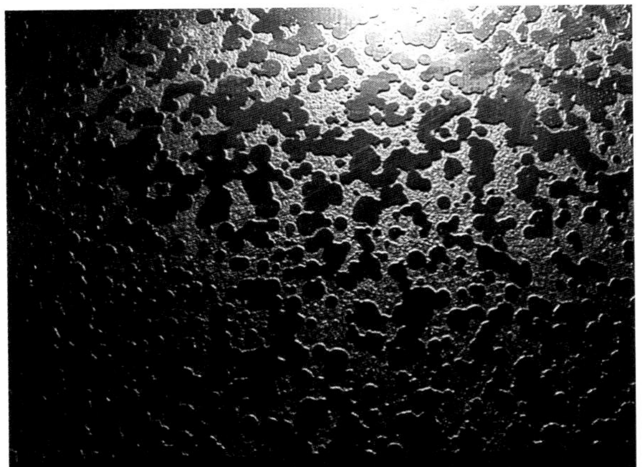
仿金属腐蚀面

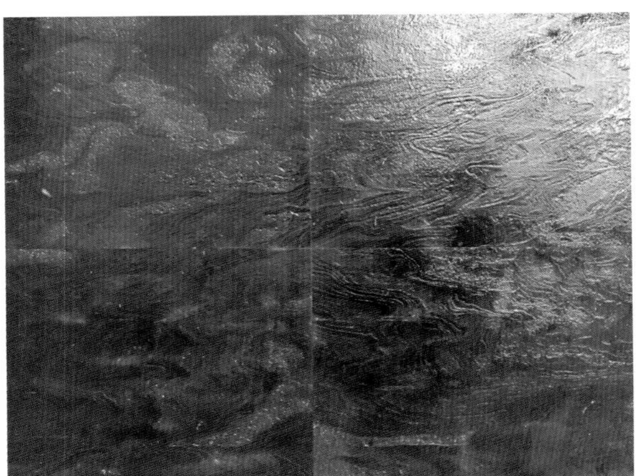
仿古面刷上油性防水液

大理石粗面和磨光面的墙体

表面不同的加工，展示不同的肌理特征，也是装饰的效果展示之一。

古典的墙壁

凹凸的墙面300mm×300mm

毛面石材组合

墙基为蘑菇石，墙身为亚光板。

亚光的表面，平行排列。

大理石表面处理墙壁

常见墙体的大板块分割

拉毛表面处理墙

多种正方形和长方形拼块

400 mm×400 mm拼块

粗面到磨光面渐变

割缝大理石

表面仿古处理的板，毛边，感觉很古朴。

250mm×500mm板条

从下到上，形态从外凸到平面，表面从粗糙到磨光。

大理石表面和块度处理

墙壁上的喷水

大板与小板组合的墙

拉毛石和磨光板的结合使用，墙壁充满肌理对比。

劈开石，断面为自然裂面，砖形。

拉毛、磨光、马赛克等多种质地组合的墙壁。

多种拉毛的墙面

白色大理石装饰的外墙，只是按照建筑结构进行表面装饰，有建筑结构之美，异型装饰线比较少。

欧式古典建筑多采用大理石，欧式别墅的建筑构件要素如门口的摆设、建筑的柱、栏杆、墙壁、地面均用大理石。

欧式壁龛装饰的墙壁

大理石古典墙面

石块拼的大理石墙壁

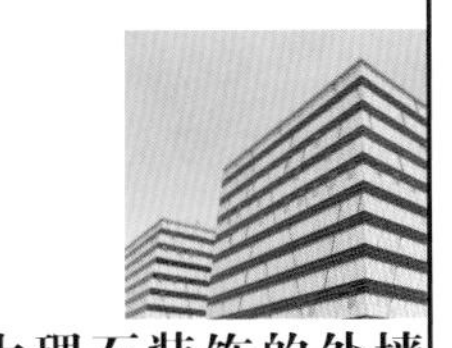

门套、窗户、阳台檐边等贴上金黄色的金箔，色彩金碧辉煌。

商店门面装饰显得比较高贵

商店门面装饰

平滑的砂岩墙面装饰，杭州博物馆。

在下缘和栏杆处采用一些金属材料，其余全部采用大理石板状装饰。杭州西湖边的建筑。

建筑梁柱采用洞石装饰，与屋顶等古朴的金属结合，建筑显得时尚而古朴。

建筑的构件上装饰洞石，表面磨光，肌理若隐若现，比较有韵味感。

厚石叠拼角

店面柱与梁装饰大理石，展示欧式风格，显得古意。

外墙墙基欧式线条的装饰

古典门头和玻璃幕装饰的商店外墙

简单贴面加上线条的商店门面外墙，色彩雅静，显得高贵。

板岩的装饰

板岩：形态是自然生成的、色彩是天然地下形成的、各种组成矿物是自然组成的、结构也是自然形成，一切都是自然造化。

自然板岩的杂乱纹理，透气的质感，自然渐变或天然的色泽，体现了自然性，设计师充分应用了这些元素来达到建筑装饰的自然美感。

门框、墙角采用200mm×300mm规格大块，中间采用100mm×80mm左右的石块，对比强，和谐。

洱海边上的小石块建筑，大小搭配，淡灰蓝色的石子与枣红色的木墙搭配，屋顶褐色。与水天共一体，美！

黄龙景区块状石与木的结合装饰

杂块的板石装饰建筑墙

白色的窗户和黑色条纹的板岩装饰，把九寨沟接待中心装饰得美轮美奂。

板块装饰的藏区建筑外观，感觉质感古朴、棱角分明。

黑色的板岩与金黄色的木头结合使其绿地蓝天组成一幅风景画

藏屋的条形板岩的装饰

文化石的建筑气质烂漫自然古朴，作为休闲性场所用石皮的装饰。

墙柱采用大块的青石板，外墙采用浅红色板块状装饰。

红色板岩的建筑外墙装饰

乱形

平滑的文化石立面，通过正方形和长方形的拼接很是有味道。

层次感很强的墙壁

石块拼装

不规整的毛石石块

杂石墙

乱形宽勾缝的毛石墙，充满浪漫的气息。

花色卵石的地面和墙体，衬托出建筑的浪漫气质。

小石子的拼画（1）

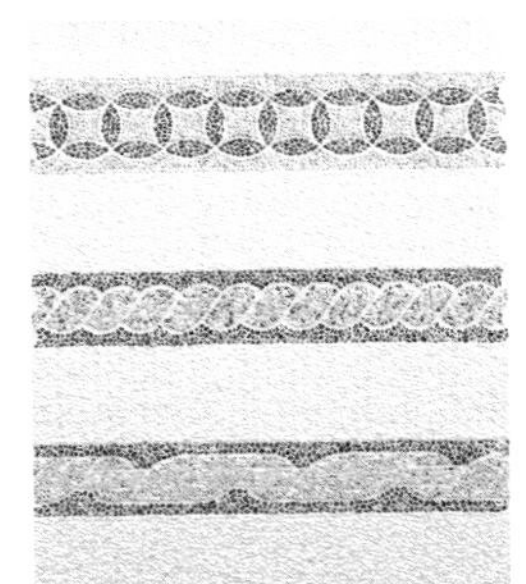

小石子的拼画（2）

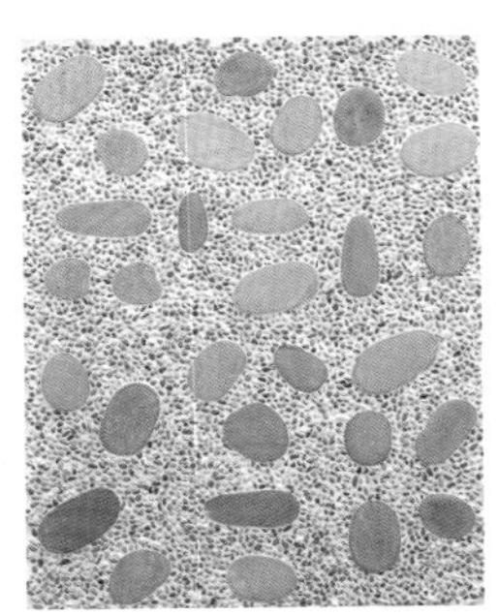

小石子的拼画（3）

平行波浪纹的石子

青板岩和白灰装饰的建筑墙

板岩和金属的结合

板岩局部装饰的墙面

毛边乱形贴柱

切边乱形拼块的墙面